Erwin Dee Kord (Hrsg.)

Blankenheim (Bebra)

Erwin Dee Kord (Hrsg.)

Blankenheim (Bebra)

Hersfeld, Rotenburg, Hessen, Richelsdorfer, Gebirge, Fulda, Bundesstraße, 27, Bahnstrecke, Göttingen, Bebra

Solv

Imprint

Publisher:
Solv is a trademark of
International Book Market Service Ltd., 17 Rue Meldrum, Beau Bassin, 1713-01 Mauritius
Email: info@bookmarketservice.com
Website: www.bookmarketservice.com

Published in 2011

Printed in: U.S.A., U.K., Germany. This book was not produced in Mauritius.

ISBN: 978-613-9-39340-4

Contents

References

Blankenheim_(Bebra)

Blankenheim Stadt Bebra	
Koordinaten:	50° 56′ N, 9° 47′ O [1]Koordinaten: 50° 56′ 22″ N, 9° 46′ 32″ O [1]
Höhe:	198–208 m ü. NN
Eingemeindung:	1. Jan. 1972
Postleitzahl:	36179
Vorwahl:	06622

Blankenheim ist ein Ortsteil der Stadt Bebra im Landkreis Hersfeld-Rotenburg im Nordosten von Hessen.

Die Kapelle

Der Stadtteil Blankenheim liegt südwestlich der Kernstadt Bebra im Richelsdorfer Gebirge an der Fulda. Westlich des Ortes führt die Bundesstraße 27 vorbei. Im Osten liegt die Haltestelle Blankenheim-Wald an der Bahnstrecke Bebra–Göttingen.

Blankenheim wurde in einer Urkunde aus dem Jahre 1200 erstmals erwähnt. 1220 wurde ein Frauenkloster errichtet. Die Kirche des ehemaligen Klosters Blankenheim ist teilweise erhalten geblieben.

1939 hatte das Dorf 387 Einwohner. Es gehörte damals zum Landkreis Rotenburg. Mit der hessischen Gebiets- und Verwaltungsreform wurde Blankenheim mit Beginn des Jahres 1972 der Stadt Bebra angegliedert.

Weblinks

- Der Stadtteil auf www.bebra.de [2]
- Ortslexikon des Landes Hessen [3]

Bebra

Basisdaten

- **Koordinaten:** 50° 58′ N, 9° 47′ O [1]
- **Bundesland:** Hessen
- **Regierungsbezirk:** Kassel
- **Landkreis:** Hersfeld-Rotenburg
- **Höhe:** 195 Meter über dem Meeresspiegel
- **Fläche:** 93.64 km²
- **Postleitzahl:** 36179
- **Webpräsenz:** www.bebra.de [2]
- **Bürgermeister:** Horst Groß (CDU)

Bebra ist eine Kleinstadt im Nordosten Hessens (Deutschland).

Geographie

Geographische Lage

Bebra liegt im Landkreis Hersfeld-Rotenburg etwa 45 km südlich von Kassel an der Fulda. Die Stadt ist dank der markanten Lage am *Fuldaknie* auf den meisten Landkarten leicht zu finden. Sie ist umgeben vom Stölzinger Gebirge im Norden, dem Richelsdorfer Gebirge im Osten, dem Seulingswald im Südosten und dem Knüll im Südwesten. Die größten Nachbarorte sind Rotenburg und Bad Hersfeld.

Innerhalb des Bebraer Stadtgebiets münden die Fließgewässer Bebra, Solz, Lüder und Ulfe in die Fulda; in die Ulfe mündet die Iba.

Nachbargemeinden

Im Uhrzeigersinn beginnend im Norden stoßen an Bebra diese Gemeinden: Cornberg, Nentershausen, Ronshausen, Ludwigsau und Rotenburg.

Stadtgliederung

Die Stadt Bebra besteht seit der Gemeindereform aus 12 Stadtteilen, die neben der Kernstadt Bebra aus den umliegenden Dörfern bestehen. Im Uhrzeigersinn sind das: Asmushausen, Gilfershausen, Rautenhausen, Braunhausen, Imshausen, Solz, Iba, Weiterode, Breitenbach, Blankenheim und Lüdersdorf.

Geschichte

Anfänglich wurde Bebra *Biberaho* (Dorf am Biberfluss) genannt, aus dem dann später *Bibera* und zuletzt Bebra wurde.

Die älteste bekannte urkundliche Erwähnung stammt aus dem 9. Jahrhundert. Das Dokument ist das Güterverzeichnis Breviarium Sancti Lulli vom Kloster Hersfeld. In dieser Urkunde wird in der Tafel 2, Besitz dieses Klosters in Bebra verbucht. Damit stammt die Erwähnung spätestens aus dem Zeitraum zwischen den Jahren 775 bis 786. Dadurch lässt sich schließen, das Bebra bereits vor diesem Zeitraum bestand.[1]

Die Siedlung blieb in den nächsten Jahrhunderten im Wesentlichen ein größeres Bauerndorf, wenn auch damals schon wichtige Verkehrsströme an dieser Stelle aufeinandertrafen. Zum einen gab es eine Verbindung Richtung Osten über Eisenach nach Halle. Zum anderen verband die Poststraße entlang des Fuldatals die Region mit dem Süden Deutschlands. Trotzdem wurde die Umgebung damals vom etwa 6 Kilometer entfernten Rotenburg dominiert, das den Status einer kleinen Residenzstadt genoss.

Altes Rathaus

Bahnhof Bebra im Jahr 1875

Einen Aufschwung nahm Bebra mit dem Ausbau des Eisenbahnnetzes in Deutschland, der Mitte des 19. Jahrhunderts auch diese Region erfasste (siehe Friedrich-Wilhelms-Nordbahn). Gegen Ende des Jahrhunderts war die Stadt einer der wichtigsten Eisenbahnknotenpunkte Deutschlands. Die Einwohnerzahl wuchs innerhalb von ungefähr 70 Jahren von etwa 1300 Einwohnern auf 5063 (1946), die Stadt verlor durch den Aufschwung von Handel und Gewerbe ihren bisher ausschließlich ländlich geprägten Charakter. Der wichtigste Arbeitgeber war die Reichsbahn. Die Stadtrechte erhielt Bebra durch den Oberpräsidenten der Provinz Hessen-Nassau, Philipp Prinz von Hessen, am 20. September 1935.

Am 7. November 1938, dem Vorabend der Reichskristallnacht, kam es in Bebra, den benachbarten Sontra und Rotenburg, Kassel und in weiteren Kurhessischen Städten zu den ersten gewalttätigen Übergriffen auf jüdische Bürger und deren Geschäfte. Neben der Synagoge in der Amalienstraße wurde auch die jüdische Schule zerstört[2] . Maßgeblich gesteuert wurden die Ausschreitungen vom Gaupropagandaleiter und gebürtigen Bebraner Heinrich Gernand[3] . Am 4. Dezember 1944 wurde Bebra Ziel eines amerikanischen Bombenangriffes.[4] Der Bahnhof, der das Ziel des Angriffes war, wurde nur leicht beschädigt, aber alle drei Kirchen und 43 Wohnhäuser wurden zerstört, 57 Bewohner getötet und zahlreiche verletzt.[5] Wie damals üblich, war es der gleichgeschalteten Presse verboten, über den Angriff und seine Opfer zu berichten. Am 2. April 1945 wurde Bebra von amerikanischen Truppen besetzt.[6]

Das Wachstum der Stadt setzte sich – durch den Zweiten Weltkrieg unterbrochen – bis in die 1970er-Jahre fort. Durch die gute Verkehrsanbindung siedelten sich einige größere Industriebetriebe an. Während der Zeit der innerdeutschen Grenze wurde in Bebra eine Grenzübergangsstelle eingerichtet, um den Personen- und Güterverkehr in Interzonenverkehr (später innerdeutschen Grenzverkehr) abzufertigen. Seit Mitte der 1980er-Jahre verlor Bebra als Eisenbahnknotenpunkt an Bedeutung, was zu weniger Arbeitsplätzen bei der Deutschen Bahn führte.

Religionen

In der Kernstadt Bebra und seinen Ortsteilen gibt es zwölf evangelische, eine katholische und eine Evangelisch-methodistische Kirche, sowie eine Evangelisch-Freikirchliche Gemeinde (Baptisten), eine landeskirchliche Gemeinschaft, ein Bethaus der mennonitischen Brüdergemeinde, ein Gebetshaus des islamischen Kulturvereins und eine syrisch-orthodoxe Kirche. Außerdem leben etwa 100 Angehörige des yesidischen Glaubens in Bebra.

Evangelische Kirche

Eingemeindungen

Alle oben aufgeführten Ortsteile wurden mit der Gemeindereform 1972 eingemeindet.

Kapelle bei Blankenheim

Einwohnerentwicklung

Jahr	**1821**	**1830**	**1849**	**1858**	**1880**	**1900**	**1925**	**1939**	**1946**	**1965**	**1968**
Einwohner	987	1.066	1.488	1.164	1.369	2.037	2.740	4.830	6.985	7.780	7.912
Jahr	**1971**	**1972 ***	**1975**	**1977**	**1982**	**1988**	**1999**	**2002**	**2007**	**2008**	
Einwohner	8.155	15.614	15.740	15.583	16.638	16.485	15.799	15.105	14.335	14.067	

(* nach Eingemeindung von 11 Stadtteilen)

Politik

Stadtverordnetenversammlung

Die Kommunalwahl am 27. März 2011 lieferte folgendes Ergebnis (im Vergleich zu vorangegangenen Wahlen)[7] :

Neues Bebraer Rathaus

Parteien und Wählergemeinschaften		% 2011	Sitze 2011	% 2006	Sitze 2006	% 2001	Sitze 2001
CDU	Christlich Demokratische Union Deutschlands	44,2	16	49,0	18	53,8	20
SPD	Sozialdemokratische Partei Deutschlands	35,4	13	38,3	14	41,0	15
Gemeinsam	Gemeinsam für Bebra	14,8	6	9,2	4	—	—
FWG	Freie Wählergemeinschaft Bebra	4,0	2	3,5	1	5,2	2
FDP	Freie Demokratische Partei	0,8	0	—	—	—	—
LINKE	Die Linke	0,8	0	—	—	—	—
gesamt		**100,0**	**37**	**100,0**	**37**	**100,0**	**37**
Wahlbeteiligung in %			**51,2**		**52,0**		**59,1**

Bürgermeister

Der Bürgermeister Horst Groß (CDU) wurde im Oktober 1995 in Direktwahl gewählt, am 14. Oktober 2001 mit einem Stimmenanteil von 71,6 % und nochmals am 14. Oktober 2007 mit einem Stimmenanteil von 63,2 % wiedergewählt.

Wappen

Blasonierung: „Das Wappen zeigt in Rot einen silbernen, aufrecht stehenden Biber über zwei schräg gekreuzten Schienenpaaren. Die Stadtfarben sind rot – weiß.“

Bedeutung: Das Wappen Bebras veranschaulicht den Wandel Bebras vom Dorf zum bedeutsamen Eisenbahnknotenpunkt. Die Farben erinnern an das Wappen der Reichsabtei Hersfeld, zu deren ältestem Besitz der Ort gehörte. Bei den gekreuzten Zwillingsfäden handelt es sich um eine heraldische Symbolisierung von Eisenbahnschienen. Als bedeutender Eisenbahnknotenpunkt ist Bebra seit der Mitte des 19. Jahrhunderts bekannt.

Das Wappen wurde der Gemeinde 1930 genehmigt und verfügt über folgenden Wappenspruch:

Bebra, im Hessenland die Stadt,

im roten Feld einen Biber hat,

dazu ein gekreuztes Schienenpaar,

im Leben mutig - im Streben wahr.

Städtepartnerschaften

Städtepartnerschaften bestehen mit dem englischen Knaresborough (seit 1969) und mit dem thüringischen Friedrichroda (seit Anfang der 1990er-Jahre).

Kultur und Sehenswürdigkeiten

Museen

Das Eisenbahnmuseum im ehemaligen Wasserturm zeigt die für Bebra wichtige Geschichte der Eisenbahn am Ort. Direkt nebenan befindet sich eine 600mm-Schmalspurbahn, die an einigen Tagen von April bis September auch in Aktion erlebt werden kann. Das Spielzeugmuseum im Stadtteil Solz zeigt einen Blick auf Spielzeuge aus fast vergessenen Zeiten.

Wasserturm

Bauwerke

Neben dem alten Rathaus sind verschiedene Fachwerkhäuser, die Parkanlagen der Stadt, sowie die Friedrichshütte zu erwähnen. Auch gibt es eine katholische, eine evangelische Kirche, die nach dem 2. Weltkrieg komplett restauriert wurde, sowie eine syrisch-orthodoxe Kirche,

Regelmäßige Veranstaltungen

Im Herbst findet die traditionellen Kirmes, das Erntedank- und Heimatfest, statt, in der Vorweihnachtszeit einen Weihnachtsmarkt rund um den Lindenplatz. Neben dem Stadtfest im findet im August auch das Fischerfest an den Breitenbacher Seen statt, sowie im Oktober das Drachenfest auf dem Ibaer Weltschlüssel statt. Alle zwei Jahre kann man die Gewerbeschau des Handels-und Gewerbevereins, die Bibermesse, besuchen.

Wirtschaft und Infrastruktur

Ehemaliger Grenzbahnhof Bebra (1993)

Ende der 1980er Jahre verlor Bebra als Eisenbahnknotenpunkt, auch unter dem Einfluss der Deutschen Einheit und dem einhergehenden Verlust des Grenzverkehrs, zunehmend an Bedeutung. Dadurch verloren viele Einwohner Bebras ihre Arbeitsstelle, da die Deutsche Bahn über Jahre zum größten Arbeitgeber in Bebra zählte. Eine Bebraner Anekdote besagt, dass man im Ort in der Nachkriegszeit nicht fragte: „Wo arbeitest du?“, sondern: „Wo bei der Bahn arbeitest du?“. Seit der Jahrtausendwende bemühten sich Lokalpolitiker und die Bundestagsabgeordneten des Kreises Hersfeld-Rotenburg um den Ausbau des Bebraner Bahnhofs zum „CargoZentrum“.

Verkehr

Bebra ist eine klassische Eisenbahnstadt, deren Bahnhof neben dem Personenbahnhof einen Rangierbahnhof umfasst. Daher ist eine Anreise über den Schienenweg möglich. Die Stadt gehört dem Nordhessischen Verkehrsverbund an. Als IC-Haltepunkt der West-Ost-Linie bestehen einzelne Verbindungen ins Ruhrgebiet sowie nach Eisenach[8] . Seit Dezember 2010 halten auf einer West-Ost-Linie in Bebra einzelne Züge, die zwischen dem Ruhrgebiet und Naumburg verkehren[9] .

Im Westen der Stadt treffen die B 27 aus Norden bzw. Süden und die B 83 aus Westen aufeinander. Die B 27 führt hierbei in Richtung Süden nach etwa 15 km bei Bad Hersfeld auf die A 4 und A 7. Von Osten kann Bebra über die Landesstraße 3251 erreicht werden.

Ansässige Unternehmen

In der Stadt ist die Firma Continental Automotive GmbH (bis 2. Juni 2008 Siemens VDO Automotive AG), die in der Automobilindustrie tätig ist, mit einem Werk ansässig. Ein weiterer überregional tätiger Betrieb in der Stadt, ist die in der Kunststoffverfahrenstechnik tätige Firma Plustec GmbH.

Staatliche Einrichtungen

- Staatliches Schulamt für die Landkreise Hersfeld-Rotenburg und Werra-Meißner
- Hessen-Forst Technik
- Arbeitsagentur - Geschäftsstelle Bebra

Bildung

- Brüder-Grimm Gesamtschule
- Grundschule Breitenbach
- Grundschule Weiterode
- Berufliche Schulen des Landkreises Hersfeld-Rotenburg
- Lehrbaustelle der Bauwirtschaft
- Schornsteinfegerschule des Landesinnungsverbandes Hessen
- August-Wilhelm Mende Schule für Praktisch Bildbare

Persönlichkeiten

Söhne und Töchter der Stadt

Adam von Trott zu Solz mit seinem Vater August

- August Vilmar (1800–1868), Theologe, Professor, Staatsrat und Literarhistoriker
- August von Trott zu Solz (1855–1938), Politiker, 1909–1917 Kultusminister, Mitbegründer der Kaiser-Wilhelm-Gesellschaft
- Johannes Reinmöller (1877-1955), Kieferchirurg, Hochschullehrer in Rostock und Würzburg
- Heinrich Gernand (* 1907), Nationalsozialistischer Politiker und Gaupropagandaleiter
- August-Wilhelm Mende (1929-1986) Landtagsabgeordneter und Bürgermeister von Bebra 1966-1984
- Michael Minkenberg (* 1959), Politologe
- Shkodran Mustafi (* 1992), Fußballspieler

In Bebra gelebt und gewirkt haben

- Adam von Trott zu Solz (1909-1944). Im Stadtteil Imshausen. Jurist, Diplomat und Widerstandskämpfer gegen den Nationalsozialismus.

Einzelnachweise

[1] Sozialatlas Bebra 2009 (http://www.bebra.de/stadt_bebra/cms/_data/Sozialatlas_Bebra_2009_02_23.pdf) Homepage der Stadt Bebra. Abgerufen am 21. April 2010.

[2] Es geschah vor aller Augen in Bebra und Umgebung (http://www.zum.de/Faecher/Materialien/nuhn/Schicksale/vor_aller_augen) Zentrale für Unterrichtsmedien. Abgerufen am 21. April 2010.

[3] Die Pogrome begannen in Kassel (http://www.hr-online.de/website/rubriken/nachrichten/indexhessen34938.jsp?rubrik=34954&key=standard_document_35697556&msg=5676) Hessischer Rundfunk. Abgerufen am 21. April 2010.

[4] Mission 208 Target: Bebra (http://www.b24.net/missions/MM120444.htm)

[5] Bankverein Bebra Geschichte (http://www.bankverein.de/html/geschichte.html)

[6] Freiwillige Feuerwehr Bebra Chronic (http://www.jugendfeuerwehr-bebra.de/ffw/Seiten/Geschichte/Geschichte/Chronic/Hauptseite.htm)

[7] Endgültiges Ergebnis der Gemeindewahl am 27. März 2011. 632003 Bebra, Stadt beim Hessischesn Statistischen Landesamt (http://www.statistik-hessen.de/K2011/EG632003.htm)

[8] EC-/IC-Netz 2011 der DB Bahn (http://www.bahn.de/p/view/mdb/bahnintern/fahrplan_und_buchung/streckenplaene/MDB85553-ecic_2011_korrigiert.pdf) pdf-Datei

[9] ICE-Netz 2011 der DB Bahn (http://www.bahn.de/p/view/mdb/bahnintern/fahrplan_und_buchung/streckenplaene/MDB84831-ice_2011.pdf) pdf-Datei

Weblinks

- Links zum Thema Bebra (http://www.dmoz.org/World/Deutsch/Regional/Europa/Deutschland/Hessen/Landkreise/Hersfeld-Rotenburg/Städte_und_Gemeinden/Bebra/) im Open Directory Project

Landkreis_Hersfeld-Rotenburg

Wappen	Deutschlandkarte
Basisdaten	
Bundesland:	Hessen
Regierungsbezirk:	Kassel
Verwaltungssitz:	Bad Hersfeld
Fläche:	1097.15 km²
Einwohner:	122233 *(31. Dec 2010)*[1]
Bevölkerungsdichte:	111 Einwohner je km²
Kfz-Kennzeichen:	HEF
Kreisschlüssel:	06 6 32
Kreisgliederung:	20 Gemeinden
Adresse der Kreisverwaltung:	Friedloser Straße 12 36251 Bad Hersfeld
Webpräsenz:	www.hef-rof.de [3]
Landrat:	Karl-Ernst Schmidt (CDU)
Lage des Landkreises Hersfeld-Rotenburg in Hessen	

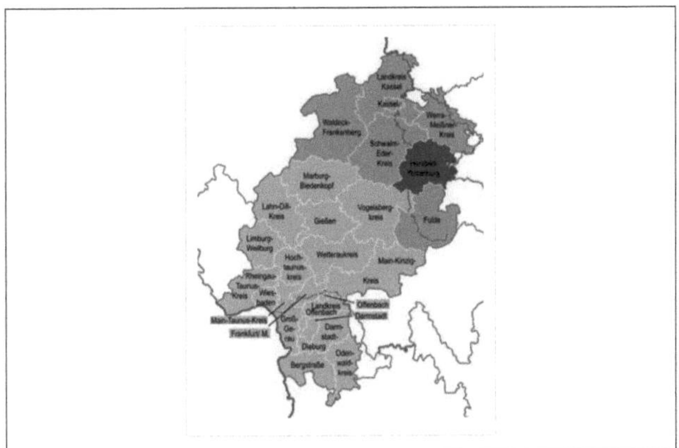

Der **Landkreis Hersfeld-Rotenburg** ist ein Landkreis mit Flächenanteilen in Nordhessen (Altkreis Rotenburg) und in Osthessen (Altkreis Hersfeld). Nachbarkreise sind im Norden der Werra-Meißner-Kreis, im Osten der thüringische Wartburgkreis, im Süden der Landkreis Fulda, im Südwesten der Vogelsbergkreis und im Westen der Schwalm-Eder-Kreis.

Im touristischen Bereich hat sich für den Landkreis der Name **Waldhessen** eingebürgert.

Geographie

Das Kreisgebiet umfasst im Wesentlichen das mittlere Fuldatal. Westlich davon steigen die Höhen des Knüllgebirges (gelegentlich auch nur "Knüll") an, östlich die Höhen des Werra-Fulda-Berglandes. Höchste Erhebung des Kreises ist der Eisenberg (636 m) im Hochknüll.

Geschichte

Das heutige Kreisgebiet gehörte schon sehr früh zu Landgrafschaft Hessen, dem späteren Kurfürstentum Hessen. Die Region um Rotenburg gehörte seit dem 13. Jahrhundert zu Hessen, und das geistliche Fürstentum Hersfeld folgte im Laufe des 16. Jahrhunderts. Hier wurden Anfang des 19. Jahrhunderts die beiden Ämter Hersfeld (innerhalb der Provinz Fulda) und Rotenburg (innerhalb der Provinz Niederhessen) gebildet. Aus den Ämtern wurden im Jahre 1821 Kreise gebildet. Im Rahmen der Gebietsreform in Hessen wurden der Landkreis Hersfeld und der Landkreis Rotenburg mit Wirkung vom 1. August 1972 zum neuen Landkreis Hersfeld-Rotenburg vereinigt.

Wappen

Blasonierung: „Gespalten von Silber und Rot, vorne ein facettiertes Doppeltatzenkreuz, hinten ein waagerechter silberner Ast, aus dem ein Zweig mit drei silbernen Lindenblättern emporwächst.“ (Wappen-Genehmigung am 29. März 1976)

Bedeutung: Das facettiertes Doppeltatzenkreuz ist das rote Hersfelder Doppelkreuz, das Zeichen des alten Stiftes Hersfeld, der Lindenast das Wappen der Stadt Rotenburg an der Fulda. Die Symbole versinnbildlichen die beiden ehemaligen Kreisstädte. Auch die früheren Kreiswappen trugen bereits diese Symbole.

Politik

Kreistag

Die Kommunalwahl am 27. März 2011 lieferte folgendes Ergebnis (im Vergleich zu vorangegangenen Wahlen)

Das Landratsamt in Bad Hersfeld

Landrat Karl-Ernst Schmidt

Parteien und Wählergemeinschaften		**% 2011**	**Sitze 2011**	**% 2006**	**Sitze 2006**	**% 2001**	**Sitze 2001**
SPD	Sozialdemokratische Partei Deutschlands	42,9	26	48,1	29	50,7	31
CDU	Christlich Demokratische Union Deutschlands	34,1	21	37,2	23	35,4	21
GRÜNE	Bündnis 90/Die Grünen	10,2	6	2,9	2	4,0	2
FWG	Freie Wähler Hersfeld-Rotenburg e.V.	5,8	4	4,5	3	4,4	3
FDP	Freie Demokratische Partei	3,6	2	3,0	2	2,8	2
LINKE	Die Linke	2,5	1	1,9	1	–	–
FL	Freie Liste	0,9	1	-	-	–	–
Unabhängige	Unabhängige Wahlalternative Hersfeld-Rotenburg	–	–	1,4	1	–	–
FREIDEUTSCH	Gruppe Freier Deutscher	–	–	1,0	0	–	–
REP	Die Republikaner	–	–	–	–	2,8	2
gesamt		**100,0**	**61**	**100,0**	**61**	**100,0**	**61**
Wahlbeteiligung in %			**52,0**		**54,2**		**61,1**

Landrat

Die erste Direktwahl eines Landrates im Landkreis fand am 2. März 1997 statt. Hier setzte sich der Kandidat der SPD, Roland Hühn, mit einem Stimmenanteil von 57,2 Prozent gegen einen CDU-Kandidaten durch. Bei der nächsten Wahl am 2. Februar 2003 trat Karl-Ernst Schmidt von der CDU gegen Landrat Roland Hühn an und gewann die Wahl mit einem Stimmenanteil von 50,3 Prozent. Der Landrat Karl-Ernst Schmidt wurde am 26. April 2009 mit einem Stimmenanteil von 59,7 % wiedergewählt, für die SPD kandidierte Manfred Koch.

Verkehr

Eisenbahn

Bad Hersfeld und Bebra sind Fernbahnhöfe mit ICE- und IC-Halten.

In Bebra schneiden sich die Mitte-Deutschland-Verbindung Ruhrgebiet–Kassel–Erfurt–Chemnitz/Leipzig und die alte Nord-Süd-Strecke Hannover–Frankfurt/Würzburg.

Die Schnellfahrstrecke Hannover–Würzburg führt ohne Halt durch das Kreisgebiet. Anschlusskurven nach Bebra oder Bad Hersfeld als Verbindung Richtung Erfurt sind langfristig geplant.

Straße

Durch das Kreisgebiet führen die Bundesautobahnen 7 (Würzburg–Kassel), 5 (Frankfurt–Hattenbacher Dreieck (Ende der A 5)) und 4 (Kirchheimer Dreieck–Erfurt). Ferner erschließen mehrere Bundesstraßen und Kreisstraßen das Kreisgebiet, darunter die B 27, die B 62 und die B 83.

Städte und Gemeinden

(Einwohnerzahlen vom 31. Dezember 2010[2])

Städte	Gemeinden
1. Bad Hersfeld ()	1. Alheim (5077)
2. Bebra ()	2. Breitenbach a. Herzberg (1778)
3. Heringen (Werra) (7470)	3. Cornberg (1511)
4. Rotenburg a.d.Fulda ()	4. Friedewald (2475)
	5. Hauneck (3250)
	6. Haunetal (3048)
	7. Hohenroda (3255)
	8. Kirchheim (3636)
	9. Ludwigsau (5672)
	10. Nentershausen (2897)
	11. Neuenstein (3088)
	12. Niederaula (5411)
	13. Philippsthal (Werra) (4182)
	14. Ronshausen (2384)
	15. Schenklengsfeld (4619)
	16. Wildeck (4964)

Patenschaft

1954 wurde die Patenschaft für die vertriebenen Sudetendeutschen aus dem Landkreis Mährisch Schönberg übernommen.

Einzelnachweise

[1] (Hilfe dazu)

[2] Bevölkerung der hessischen Gemeinden am 31. Dezember 2010 (http://www.statistik-hessen.de/static/publikationen/A/AI2_AII_AIII_AV_10-1hj_pdf.zip)

Weblinks

- Links zum Thema Landkreis Hersfeld-Rotenburg (http://www.dmoz.org/World/Deutsch/Regional/Europa/Deutschland/Hessen/Landkreise/Hersfeld-Rotenburg/) im Open Directory Project
- Offizielle Webseite des Landkreises Hersfeld-Rotenburg (http://www.hef-rof.de/startseite___aktuelles/)
- Komm-in-die-mitte.de: Informative Webseite über alle Lebensbereiche im Landkreis Hersfeld-Rotenburg (http://www.komm-in-die-mitte.de/)

Hessen

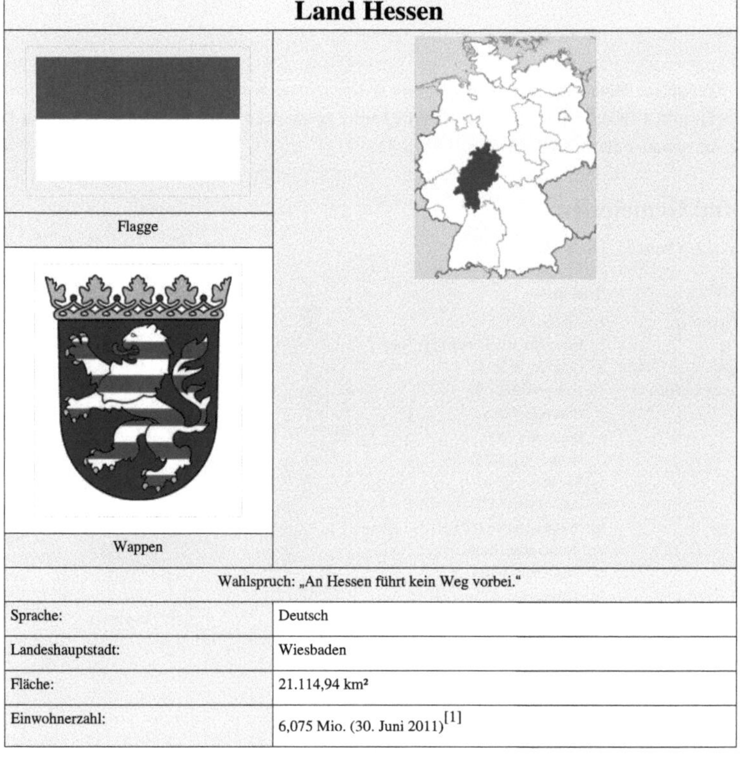

Land Hessen	
Flagge	
Wappen	
Wahlspruch: „An Hessen führt kein Weg vorbei."	
Sprache:	Deutsch
Landeshauptstadt:	Wiesbaden
Fläche:	21.114,94 km²
Einwohnerzahl:	6,075 Mio. (30. Juni 2011)[1]

Bevölkerungsdichte:	288 Einwohner pro km²
Arbeitslosenquote:	5,4 % (November 2011)[2]
Gründung:	1945
Staatsform:	Parlamentarische Republik, teilsouveräner Gliedstaat eines Bundesstaates
Schulden:	37,1 Mrd. EUR *(31. Dezember 2010)*[3]
ISO 3166-2:	DE-HE
Kontakt:	
Website:	www.hessen.de [4]
Politik:	
Ministerpräsident:	Volker Bouffier (CDU)
Regierende Parteien:	CDU und FDP
Sitzverteilung im Landtag:	CDU 46 SPD 29 FDP 20 B'90/Grüne 17 Die Linke 6
Letzte Wahl:	18. Januar 2009
Nächste Wahl:	November 2013
Parlamentarische Vertretung:	
Stimmen im Bundesrat:	5

Hessen (Abkürzung **HE**) ist ein Land in und südwestlich der Mitte der Bundesrepublik Deutschland. Es gehört vor allem mit seinen südlichen Landesteilen zu den am dichtesten besiedelten und wirtschaftsstärksten Regionen Deutschlands. Die Landeshauptstadt ist Wiesbaden, die größte Stadt Frankfurt am Main.

Das heutige Land Hessen wurde am 19. September 1945 unter dem Namen Groß-Hessen gegründet und hatte als erstes noch heute bestehendes Land der Bundesrepublik eine neue demokratische Verfassung. Seine unmittelbaren Vorgängerstaaten waren der Volksstaat Hessen und die preußischen Provinzen Kurhessen und Nassau, die der Freistaat Preußen am 1. April 1944 durch Teilung der Provinz Hessen-Nassau schuf.

Name

Der Name *Hessen* ist nach Meinung mancher Historiker die abgewandelte Form des Stammesnamens der germanischen Chatten, deren Siedlungsschwerpunkt im heutigen Nord- und Mittelhessen lag; diese Meinung wird aber durchaus nicht allgemein anerkannt.

Geographie

Hessen verfügt über eine Fläche von 21.114,94 km². Der geografische Mittelpunkt befindet sich in Flensungen, einem Ortsteil der Gemeinde Mücke im Vogelsbergkreis. Zudem liegt der geografische europäische Mittelpunkt seit der EU-Osterweiterung 2007 in der Barbarossastadt Gelnhausen, Ortsteil Meerholz, im Main-Kinzig-Kreis.

Nachbarländer

In der Mitte Deutschlands liegend grenzt das Land Hessen mit einer Gesamtgrenzlänge von 1410 km an die Länder Nordrhein-Westfalen (Grenzlänge: 269,3 km), Niedersachsen (167,0 km), Thüringen (269,6 km), Bayern (261,9 km), Baden-Württemberg (176,5 km) und Rheinland-Pfalz (266,3 km).

Naturräumliche Gliederung

Hessen ist geprägt von Mittelgebirgen bis 950 m Höhe. Die Beckenlandschaften liegen dem gegenüber oftmals auf Höhen unter 200 m über NN, die Flusstäler unterschreiten teilweise die 100-m-Marke.

Blick auf den Taunus

Der Norden Hessens gehört zur sogenannten Deutschen Mittelgebirgsschwelle. Hierzu zählen zum einen die naturräumlichen Haupteinheitengruppen des *Rheinischen Schiefergebirges* Süderbergland, Taunus, Westerwald, Gießen-Koblenzer Lahntal und Mittelrheingebiet, zum anderen im *Hessischen Bruchschollentafelland* West- und Osthessisches Bergland sowie das Niedersächsische Bergland im Norden und das Thüringer Becken im Osten.

Der Süden und Südosten Hessens gehört zum Südwestdeutschen Schichtstufenland mit der Haupteinheitengruppe Hessisch-Fränkisches Bergland, der Südwesten zum Oberrheinischen Tiefland.

Rhönlandschaft bei Tann

Mittelgebirge und Berge

Hessens Landschaft besteht aus zahlreichen Mittelgebirgen; nach deren jeweils höchsten (hessischen) Bergen sortiert sind dies: Rhön, Taunus, Rothaargebirge, Vogelsberg, Hoher Meißner, Kellerwald, Westerwald, Söhre, Kaufunger Wald, Knüllgebirge, Habichtswald, Gladenbacher Bergland, Odenwald, Stölzinger Gebirge, Spessart, Schlierbachswald, Seulingswald, Richelsdorfer Gebirge und Reinhardswald.

Die höchste Stelle des Landes befindet sich auf der Wasserkuppe (950.2 m ü. NN) in der Rhön (im Landkreis Fulda) (zu den hessischen Mittelgebirgen und weiteren Bergen: Liste der Berge in Hessen).

Becken und Niederungen

Im Südwesten Hessens liegt im Oberrheinischen Tiefland, das auch den Ballungsraum Rhein-Main-Gebiet und die Wetterau enthält, die flächenmäßig größte Beckenlandschaft. Sie ist Teil der Mittelmeer-Mjösen-Zone und wird innerhalb dieser nach Nord(ost)en durch das Gießener Becken, das Amöneburger Becken und die bis nördlich von Kassel reichende Westhessische Senke verlängert.

Abseits davon bildet das Limburger Becken an der westlichen Landesgrenze zu Rheinland-Pfalz zwischen Taunus und Westerwald einen größeren intramontanen Senkungsraum innerhalb des Rheinischen Schiefergebirges. Die Wetschaft-Senke verlängert dem gegenüber die Ostgrenze des Rheinischen Schiefergebirges nördlich von Wetterau und Gießener Becken.

Die meist tektonisch angelegten Becken sind im geomorphologischen Sinne meistens keine Becken, sondern teils weiträumige Niederungen, die von Flüssen durchflossen werden. Vielfach finden sich hier Lößdecken, welche zusammen mit der Klimagunst die Grundlage für eine ertragreiche Landwirtschaft bilden.

Die niedrigste Stelle Hessens befindet sich bei Lorch am Rhein (81 m ü. NN) im Rheingau-Taunus-Kreis.

Gewässer

Flüsse

Der Norden und der Osten Hessens gehören zum Einzugsgebiet der Weser, die das Land im äußersten Norden durchquert. Ihre Quellflüsse Fulda und Werra fließen auf 215 km bzw. 95 km Länge durch Hessen. Dagegen wird der übrige Teil des Landes zum Rhein hin entwässert, der im Südwesten auf 107 km Länge die Grenze zu Rheinland-Pfalz bildet. Seine für Hessen wichtigsten Nebenflüsse sind Main und Lahn, aber auch der Neckar fließt ein kurzes Stück durch den äußersten Süden Hessens.

Rhein mit Insel Mariannenaue bei Erbach (Rheingau), links davon die Große Gieß mit der Landesgrenze zu Rheinland-Pfalz

Nachfolgend sind alle durch Hessen fließenden Flüsse mit einer Gesamtlänge von über 100 km oder einer Fließstrecke in Hessen von über 50 km aufgeführt. Angegeben sind jeweils die hessische und die gesamte Länge.

Seen

In Hessen gibt es keine sehr großen natürlichen Seen. Gleich vier der größten Stauseen des Landes liegen im Landkreis Waldeck-Frankenberg im Nordwesten Hessens: der Edersee als mit Abstand größter See in Hessen sowie Affolderner See, Diemelsee und Twistesee. Weitere bedeutende Stauseen sind der Kinzig-Stausee im osthessischen Main-Kinzig-Kreis und der Aartalsee in der Gemeinde Bischoffen im westhessischen Lahn-Dill-Kreis.

Edersee 2007

Zu den größten Baggerseen Hessens gehören der Borkener See im Schwalm-Eder-Kreis, der Werratalsee im Werra-Meißner-Kreis und der Langener Waldsee im Landkreis Offenbach als größter See Südhessens.

Bevölkerung und demografische Entwicklung

Der größte Teil der hessischen Bevölkerung lebt im südlichen Landesteil, im Rhein-Main-Gebiet. Weitere urbane Zentren sind in Mittelhessen Gießen, Marburg und Wetzlar, in Nordhessen Kassel und in Osthessen Fulda. Zur Bevölkerungsentwicklung siehe Bevölkerungsprognose Hessen.

Geschichte

Siehe Hauptartikel: Geschichte Hessens, ferner Hessische Landesregierungen und Liste hessischer Ministerpräsidenten

Im heutigen Land Hessen sind die ehemaligen Territorien der hessischen Fürstentümer Landgrafschaft Hessen (später u. a. Hessen-Kassel, Hessen-Darmstadt, Hessen-Rotenburg und Hessen-Homburg), der Grafschaft Erbach, des Fürstentums Solms und große Teile des Herzogtums Nassau, der Grafschaft Hanau, der Grafschaft Isenburg, des Fürstentums Waldeck, der Fürstbistümer Mainz und Fulda, sowie der Freien Reichsstädte Frankfurt am Main, Friedberg, Gelnhausen und Wetzlar respektive die ehemaligen Territorien der Nachfolgestaaten vereint.

Durch Proklamation der amerikanischen Militärregierung vom 19. September 1945 wurden die Grundlagen für das heutige Land Hessen geschaffen. Mit der Annahme der Verfassung des Landes Hessen, durch die Volksabstimmung am 1. Dezember 1946, wurde aus dem zuvor gebildeten „Groß-Hessen" das Land „Hessen".[4]

Kultur

Religion

40,8 Prozent der Bevölkerung gehören den evangelischen Landeskirchen von Hessen und Nassau, von Kurhessen-Waldeck sowie des Rheinlandes an.

25,4 Prozent sind römisch-katholischen Bekenntnisses, sie gehören zu den (Erz-)Bistümern Fulda, Limburg, Mainz und Paderborn.

33,0 Prozent der hessischen Bevölkerung gehören zu einer anderen oder keiner Religionsgemeinschaft.[5]

Über 10 Prozent der Muslime in Deutschland leben laut einer Hochrechnung des Bundesministerium des Inneren aus dem Jahr 2009 in Hessen.[6]

Der Fuldaer Dom: Bischofssitz mit dem Grab des Bonifatius

Dialekte

Die hessischen Dialekte, die zu den rheinfränkischen, also mitteldeutschen Dialektgruppen gehören, sind vielfältig. Das Dialektkontinuum unterscheidet hier zwischen Frankfurter und südhessischen Dialekten, zwischen niederhessischen und oberhessischen sowie osthessischen Mundarten, die noch von der einheimischen Bevölkerung gesprochen werden.

Das Hessische schlechthin gibt es nicht. Die unterschiedlichen in Hessen gesprochenen Dialekte gehören zu der mitteldeutschen/westmitteldeutschen Dialektgruppe und weisen in den verschiedenen Landesteilen aufgrund des deutschen Dialektkontinuums starke Unterschiede auf.

Die rheinfränkischen Dialekte werden nördlich der Linie Wiesbaden-Aschaffenburg gesprochen und reichen bis an die Grenzen des Siegerlandes. Im Westteil reicht im Limburger Becken und dem Westerwald vor allem in den ehemals Kurtrierischen Orten der moselfränkische Sprachraum nach Hessen hinein. Südlich davon werden die südlichen Dialekte des Rheinfränkischen gesprochen.

In den Ballungsgebieten sind wegen der hohen Zuwanderungsrate allerdings Dialekte nur noch selten zu hören, es herrscht das Hochdeutsche vor oder es bilden sich moderne städtische Ausgleichssprachen heraus, wie etwa das so genannte Neuhessisch im Rhein-Main-Raum. Im Nordwesten Hessens im Gebiet um Waldeck werden zudem niederdeutsche Dialekte, gesprochen. (Siehe auch: Literatur zur Volkskunde in Hessen unten und Deutscher Sprachatlas.)

Man unterscheidet im heutigen Hessen folgende Dialektgruppen:

- *Hessisch-Nassauische Dialekte*, die im Rhein-Main-Neckar-Raum und im unteren Lahngebiet gesprochen werden. Die hessisch-nassauischen Dialekte gehören zum *Rheinfränkischen*.
- *Mittelhessische Dialekte* (= oberhessische Dialekte z. B. Hinterländer Platt, Wittgensteiner Platt)
- *Niederhessische Dialekte*, die im Regierungsbezirk Kassel gesprochen werden.
- *Ostfränkische und Thüringische Dialekte*, die im Nordosten an der Landesgrenze zu Thüringen im Werragebiet und in der Rhön (Rhöner Platt) an der Grenze zu Bayern und Thüringen als Einsprengsel des *Eichsfeldischen* und *Hennebergischen* bzw. *Grabfeldischen* gesprochen werden.
- *Niederdeutsche Dialekte*, genauer gesagt westfälische, nördlich und westlich von Kassel, u. a. in Teilen von Waldeck.

Das in Rundfunk und Fernsehen häufiger gebrauchte und irreführend als Hessisch bezeichnete Rhein-Main-Deutsch („Fernsehhessisch“) wird der Vielfalt der in Hessen gesprochenen Dialekte nicht gerecht. Es weist in seiner tatsächlich gesprochenen Form viele Charakteristika eines Regiolekts auf und unterscheidet sich damit grundsätzlich von den Dialekten des historischen hessischen Kernbereiches, wie sie heute noch in Nieder-/Nord-, Ober- oder Osthessen vorkommen. Auch der südhessische Dialekt weist deutlich Unterschiede von der in Radio und Fernsehen propagierten Mundart auf und ist wie alle (hessischen) Dialekte heute stark bedrängt.

Küche

Nordhessische Grüne Sauce mit Pellkartoffeln

Ahle Wurst, eine nordhessische Spezialität

Apfelwein im traditionellen Krug und Glas

Generell werden in Hessen überwiegend Kartoffeln als Beilage serviert. Folgende Spezialitäten sind überregional bekannt:

- Grüne Sauce
- Ahle Wurst
- Frankfurter Würstchen
- Apfelwein
- Handkäs mit Musik
- Frankfurter Bethmännchen

Wissenschaft, Lehre und Forschung

Ein Verzeichnis der in Hessen ansässigen Hochschulen findet sich unter Hochschulen in Hessen. Nachfolgend eine Auswahl:

Öffentliche Universitäten

- Johann Wolfgang Goethe-Universität Frankfurt am Main
- Justus-Liebig-Universität Gießen
- Philipps-Universität Marburg
- Technische Universität Darmstadt
- Universität Kassel

Öffentliche Hochschulen des Landes Hessen

- Fachhochschule Frankfurt am Main
- Technische Hochschule Mittelhessen in Gießen und Friedberg mit StudiumPlus Wetzlar (ehemals Fachhochschule Gießen-Friedberg)
- Hochschule RheinMain (ehemals Fachhochschule Wiesbaden) mit Forschungsanstalt Geisenheim
- Hochschule Darmstadt
- Hochschule Fulda
- Evangelische Fachhochschule Darmstadt
- Studienzentrum der Finanzverwaltung und Justiz in Rotenburg an der Fulda

Sonstige

- accadis Hochschule Bad Homburg
- Arbeiter Samariter Bund Landesschule Hessen - Rettungsdienstschule in Wiesbaden
- Berufsakademie Nordhessen in Bad Wildungen
- Berufsakademie Rhein-Main in Rödermark
- Hessische Berufsakademie in Frankfurt, Darmstadt, Offenbach
- Dr. Hoch's Konservatorium - Musikakademie Frankfurt am Main
- European Business School (EBS) in Oestrich-Winkel
- Evangelische Fachhochschule Darmstadt (EFHD)
- Fachhochschule für Oekonomie & Management (FOM) in Frankfurt am Main
- Fachhochschule des Bundes für öffentliche Verwaltung - Fachbereich Landwirtschaftliche Sozialversicherung - in Kassel
- Fachhochschule für Archivwesen in Marburg
- Frankfurt School of Finance & Management (ehemals HfB) in Frankfurt am Main
- Freie Theologische Hochschule Gießen
- Hochschule für Gestaltung Offenbach am Main
- Hochschule für Musik und Darstellende Kunst Frankfurt am Main
- Kunsthochschule Kassel
- Landesfeuerwehrschule Hessen in Kassel
- Lutherische Theologische Hochschule Oberursel
- Private FernFachhochschule Darmstadt
- Akademie für Tonkunst in Darmstadt
- Philosophisch-Theologische Hochschule Sankt Georgen in Frankfurt am Main
- Provadis School of International Management and Technology in Frankfurt am Main
- Staatliche Zeichenakademie in Hanau
- Theologische Fakultät in Fulda

- Hochschule Fresenius in Idstein
- Studiengemeinschaft Darmstadt (SGD)
- Hessische Film- und Medienakademie (hFMA)

Forschungsinstitute

- Max-Planck-Institut für Herz- und Lungenforschung, W.G. Kerckhoff-Institut, Bad Nauheim
- GSI Helmholtzzentrum für Schwerionenforschung, Darmstadt
- Institut für Sozialforschung (IfS) an der Johann Wolfgang Goethe-Universität Frankfurt am Main
- Deutsches Institut für Internationale Pädagogische Forschung (DIPF) Frankfurt am Main
- Forschungsinstitut für Deutsche Sprache- Deutscher Sprachatlas- an der Philipps-Universität Marburg
- Sigmund-Freud-Institut, Frankfurt am Main
- Paul-Ehrlich-Institut, Langen
- Forschungsinstitut und Naturmuseum Senckenberg, Frankfurt am Main
- Institut für Solare Energieversorgungstechnik (ISET e. V.) (ab 2009 Mitglied der Fraunhofer-Gesellschaft), Kassel
- Lehr- und Forschungsanstalt, Geisenheim (Rheingau)
- Hessische Stiftung Friedens- und Konfliktforschung HSFK, Frankfurt

Museen

→ *Hauptartikel: Liste der Museen in Hessen*

Hessische Verfassung

Siehe Hauptartikel: Verfassung des Landes Hessen

Die hessische Verfassung vom 1. Dezember 1946 ist die älteste heute noch geltende Verfassung eines deutschen Landes.[7] Die Verfassung ist in zwei Hauptteile gegliedert. Von den 161 Verfassungsartikeln befassen sich die ersten 63 Artikel mit den Grundrechten. Im zweiten Hauptteil ist der Staatsaufbau geregelt. Hier werden die Staatsorgane, die zur Ausübung der Staatsgewalt berufen sind, mit ihren Aufgaben, Rechten und Pflichten beschrieben (siehe Abschnitt Staatsaufbau weiter unten). In der Verfassung bekennt sich Hessen zu Frieden, Freiheit, Völkerverständigung und zur (noch zu schaffenden) deutschen Republik. Der Krieg ist geächtet. In der Verfassung ist ein Widerstandsrecht gegenüber verfassungsfeindlichen Gesetzen und Handlungen verankert.

Der erste verfassungsmäßig gewählte Ministerpräsident war Christian Stock. Mit Verkündung des Grundgesetzes am 23. Mai 1949 wurde Hessen zu einem Land der Bundesrepublik Deutschland.

Regierungssystem

Allgemein

Hessen ist laut seiner Verfassung Glied der deutschen Republik, was den Anspruch auf Mitgliedschaft in einem (zum Zeitpunkt des Beschlusses der Verfassung) neu zu schaffenden deutschen Staat ausdrückte. Die Staatsform ist eine demokratische und parlamentarische Republik.

Legislative – Landtag

Hauptartikel: Hessischer Landtag

Die Legislative wird vom Landtag ausgeübt, soweit sie nicht dem Volk durch Volksentscheid zugedacht ist. Der Landtag besteht aus den vom Volk gewählten Abgeordneten. Das passive Wahlrecht haben alle Stimmberechtigten, die das einundzwanzigste Lebensjahr vollendet haben. Alle Parteien mit mehr als 5 Prozent der Stimmen sind im Landtag vertreten. Die Legislaturperiode beträgt seit dem Jahr 2003 fünf Jahre, davor waren es vier Jahre.

Hessischer Landtag im alten Wiesbadener Stadtschloss 2007

Exekutive – Landesregierung

Die Hessische Staatskanzlei in Wiesbaden in der Georg-August-Zinn-Straße am Kranzplatz

Die Exekutive ist die Hessische Landesregierung und die ihr unterstellte Landesverwaltung. Die Landesregierung setzt sich aus dem Ministerpräsidenten und den Ministern zusammen. Der Ministerpräsident bestimmt die Richtlinien der Regierungspolitik und ist dafür dem Landtag verantwortlich. Innerhalb dieser Richtlinien leitet jeder Minister den ihm anvertrauten Geschäftszweig selbständig und unter eigener Verantwortung gegenüber dem Landtage. Der Ministerpräsident vertritt das Land Hessen nach außen. Der Landtag wählt ohne Aussprache den Ministerpräsidenten mit mehr als der Hälfte der gesetzlichen Zahl seiner Mitglieder. Der Ministerpräsident ernennt daraufhin die Minister. Eine Besonderheit ist, dass Angehörige der Adelshäuser/Familien, die bis 1918 in Deutschland oder einem anderen Land regiert haben oder in einem anderen Land regieren, nicht Mitglieder der Landesregierung werden können.

Judikative – Landesgerichte

Die Judikative wird vom Staatsgerichtshof und den weiteren Gerichten des Landes ausgeübt. Der Staatsgerichtshof besteht aus elf Mitgliedern, und zwar fünf Richtern und sechs vom Landtag nach den Grundsätzen der Verhältniswahl gewählten Mitgliedern, die nicht dem Landtag angehören dürfen. Der Staatsgerichtshof entscheidet über die Verfassungsmäßigkeit der Gesetze, die Verletzung der Grundrechte, bei Anfechtung des Ergebnisses einer Volksabstimmung, über Verfassungsstreitigkeiten sowie in den in der Verfassung und den Gesetzen vorgesehenen Fällen. In Hessen gibt es dabei noch die Besonderheit, dass hier die Institution eines Landesanwaltes besteht, der aus eigenem Antrieb bei Staatsgerichtshof die Prüfung der Verfassungsmäßigkeit eines Gesetzes prüfen lassen kann.

Politik

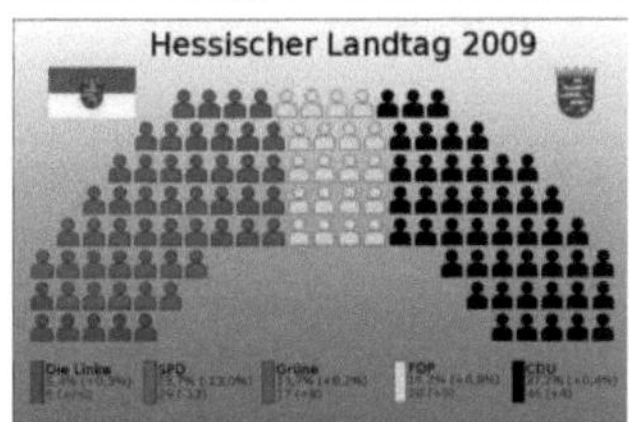

Sitzverteilung im 2009 gewählten Landtag

Bis etwa 1970 war Hessen Stammland der SPD. Ab dieser Zeit gelang es erstmals der CDU, stärkste Partei zu werden; die Regierung wurde jedoch bis 1982 durch eine Koalition von SPD und FDP gestellt. Nachdem als Ergebnis der Landtagswahl in Hessen 1982 die Grünen, die sich damals noch als Fundamentalopposition verstanden, erstmals in den Hessischen Landtag eingezogen waren, gab es keine regierungsfähige Mehrheit. Dieser Zustand endete erst Ende 1985, als die bundesweit erste rot-grüne Landesregierung zustande kam. Anfang 1987 zerbrach diese wieder. Aus der folgenden vorgezogenen Neuwahl gingen CDU und FDP als Wahlsieger hervor. Seither gab es bei jeder Wahl knappe Mehrheiten im Land, oftmals mit nur einem Sitz. Von 1991 bis 1999 regierten erneut SPD und Grüne, ehe es 1999 zu einer Koalition aus CDU und FDP unter Roland Koch kam. Im Jahr 2003 erhielt die CDU zum ersten Mal in Hessen die absolute Mehrheit im Parlament (56 Sitze).

Volker Bouffier, Ministerpräsident Hessens seit dem 31. August 2010

Bei der Landtagswahl am 27. Januar 2008 konnte die CDU ihre Mehrheit nicht verteidigen. Der erstmalige Einzug der Partei Die Linke, auch wenn diese mit 5,1 % Stimmenanteil die Fünf-Prozent-Hürde nur knapp überwand, bewirkte, dass keine der von den Parteien im Vorfeld angestrebten Regierungskoalitionen (CDU/FDP bzw. SPD/Grüne) eine Mehrheit fand. In den folgenden Wochen scheiterten alle Versuche der in den Landtag gewählten Parteien, eine regierungsfähige Mehrheit zusammenzustellen, zu der entweder zwei große Parteien (CDU und SPD) oder eine große und zwei kleinere Parteien (FDP, Grüne bzw. Linke) erforderlich wären. So wählte der neue Landtag in seiner konstituierenden Sitzung am 5. April 2008 keinen Ministerpräsidenten, was nach Artikel 113 der Hessischen Verfassung zur Folge hatte, dass die bisherige CDU-Regierung unter Roland Koch bis auf weiteres geschäftsführend im Amt verblieb. Anfang November scheiterte ein weiterer Versuch der SPD-Spitzenkandidatin Andrea Ypsilanti, eine Mehrheit mit Hilfe der Grünen und der Linken zu erreichen, an mangelnder Unterstützung in der eigenen Fraktion. In der Folge stimmten alle Fraktionen für die Auflösung des Landtages und ermöglichten dadurch Neuwahlen am 18. Januar 2009. Diese brachten eine deutliche Mehrheit für CDU und FDP, so dass Roland Koch am 5. Februar 2009 erneut zum Ministerpräsidenten einer Regierung aus CDU und FDP gewählt wurde. Seit dem 31. August 2010 ist Volker Bouffier Ministerpräsident.

Siehe auch: Ergebnisse der Landtagswahlen in Hessen

Europapolitik

Das Land Hessen vertritt seine Interessen in der Europäischen Union durch Mitwirkung in verschiedenen Organen und Gremien.

Die hessische Europapolitik wird durch das Hessische Ministerium der Justiz, für Integration und Europa unter Leitung von Minister Jörg-Uwe Hahn (FDP) koordiniert. Für Europapolitik zuständige Staatssekretärin ist derzeit Nikola Beer (FDP). Im November 2010 hat die Landesregierung ihr europapolitische Strategie mit dem Titel „Hessens Chancen in Europa wahrnehmen“ verabschiedet.[8]

Im Hessischen Landtag ist für die europapolitischen Querschnittsthmen der Europaausschuss zuständig, derzeit unter Vorsitz von Aloys Lenz (CDU). Über die Unterrichtung des Landtages durch die Landesregierung in Angelegenheiten der Europäischen Union wurde in 2011 eigens eine Vereinbarung getroffen.[9]

Partnerschaften

Partnerschaften des Landes Hessen[10]					
	Aquitaine	Frankreich	1. November 1995	
	Bursa	Türkei	21. Oktober 2010	
	Emilia-Romagna	Italien	29. Juli 1992	
	Jaroslawl	Russland	16. Oktober 1991	
	Woiwodschaft Großpolen	Polen	7. Dezember 2000	
	Wisconsin	Vereinigte Staaten	20. September 1976	

Viele hessische Kreise und Gemeinden unterhalten in diesen Regionen ebenfalls Partnerschaften.

Hoheitszeichen

siehe auch: Landeswappen Hessen

„Das Landeswappen zeigt im blauen Schilde einen neunmal silbern und rot geteilten steigenden Löwen mit goldenen Krallen. Auf dem Schilde ruht ein Gewinde aus goldenem Laubwerk mit von blauen Perlen gebildeten Früchten.“[11]

„Die Landesflagge besteht aus einem oberen roten und einem unteren weißen Querstreifen; die Höhe der Flagge verhält sich zu ihrer Länge wie 3 : 5. Die Landesflagge ist zugleich Handelsflagge. Die Landesdienstflagge ist die Landesflagge, die in der Mitte das Landeswappen zeigt.“[12] Die rot-weiße Farbgebung der Landesflagge ist dem Wappentier entnommen; die Landesdienstflagge darf nur von hessischen Dienststellen, wie zum Beispiel den Ministerien, verwendet werden.

Da das Wappen durch seine hoheitliche Funktion nur von den hessischen Behörden geführt werden darf, hat das Land im Jahr 1981 das *Hessenzeichen* veröffentlicht, welches von jedermann frei verwendet werden darf. Damit kam Hessen dem Wunsch von Privatpersonen, Vereinen und Unternehmen nach, deren Verbundenheit zu "ihrem Land" mit einem Symbol zum Ausdruck zu bringen. Es kann wahlweise in den Landesfarben *rot* oder *weiß* verwendet werden.[13]

Landeswappen Landesflagge Landesdienstflagge Logo der Landesregierung Wappenzeichen (rot) Wappenzeichen (weiß)

Hessenlöwe oder bunter Löwe

Hessenlöwe oder *bunter Löwe* ist der Name für den Löwen im Wappen von Hessen. Dieser Name bezieht sich auf das weiß-rot-gestreifte Wappentier mit der ausgeschlagenen Zunge in Rot. Es ist ein von Silber und Rot neunmal geteilter Löwe.

Der Löwe wurde ursprünglich von den Ludowingern benutzt, die auch Landgrafen in Thüringen waren. Er wird bis heute in Hessens Wappen verwendet. Die älteste Wappendarstellung ist der Wappenschild Landgraf Konrads von Thüringen (†1240), Regent von Hessen (bis 1234) und Hochmeister des Deutschen Ordens (ab 1239), auf seinem Grabmal im Landgrafenchor der Elisabethkirche in Marburg.

Zur Zeit als Großherzogtum war er ein gekrönter, goldbewehrter, von Silber und Rot neunmal geteilter Löwe mit Doppelschweif im blauen Schild und schwang mit der rechten Pranke ein Schwert. In vielen Wappen des Landes ist er anzutreffen und verkörpert die Zugehörigkeit zu selbigem. Entweder ist er ganz dargestellt oder er ist wachsend (halber Löwe, nur Oberkörper).

Verwaltungsgliederung

Regierungsbezirke

Hessen ist seit 1981 verwaltungsmäßig unterteilt in die drei Regierungsbezirke Darmstadt, Gießen und Kassel, diese wiederum in 5 kreisfreie Städte und 21 Landkreise mit 426 Gemeinden.

Landkreise

Folgende Landkreise gibt es in Hessen (eingeordnet in die jeweiligen Regierungsbezirke). Die jeweiligen Kreisstädte werden in kleiner Schrift dargestellt.

Landkreise und kreisfreie Städte in Hessen

Regierungsbezirk Darmstadt

1. Bergstraße (Heppenheim (Bergstraße))
2. Darmstadt-Dieburg (Darmstadt, Ortsteil Kranichstein)
3. Groß-Gerau (Groß-Gerau)
4. Hochtaunuskreis (Bad Homburg vor der Höhe)
5. Main-Kinzig-Kreis (seit dem 1. Juli 2005 Gelnhausen, davor Hanau)
6. Main-Taunus-Kreis (Hofheim am Taunus)
7. Odenwaldkreis (Erbach (Odenwald))
8. Offenbach (seit dem 21. Juni 2002 Dietzenbach, davor Offenbach am Main)
9. Rheingau-Taunus-Kreis (Bad Schwalbach)
10. Wetteraukreis (Friedberg (Hessen))

Regierungsbezirk Gießen

1. Gießen (Gießen)
2. Lahn-Dill-Kreis (Wetzlar)
3. Limburg-Weilburg (Limburg an der Lahn)
4. Marburg-Biedenkopf (Marburg)
5. Vogelsbergkreis (Lauterbach)

Regierungsbezirk Kassel

1. Fulda (Fulda)
2. Hersfeld-Rotenburg (Bad Hersfeld)
3. Kassel (Kassel)
4. Schwalm-Eder-Kreis (Homberg (Efze))
5. Waldeck-Frankenberg (Korbach)
6. Werra-Meißner-Kreis (Eschwege)

siehe auch: *Liste der Landkreise und kreisfreien Städte in Hessen*

Kreisfreie Städte

Im Land gibt es nachfolgende fünf kreisfreie Städte, von denen die Stadt Kassel dem gleichnamigen Regierungsbezirk zugeordnet ist, alle anderen liegen im Regierungsbezirk Darmstadt. Die Städte Frankfurt und Wiesbaden unterliegen allerdings direkt der Kommunalaufsicht beim Hessischen Innenministerium.

Landeshauptstadt Wiesbaden

- Darmstadt
- Frankfurt am Main
- Kassel
- Offenbach am Main
- Wiesbaden

Blick über Darmstadt

Sonderstatusstädte

Mit den Gebietsreformen von 1974 und 1977 verloren vier der größeren Städte ihre Kreisfreiheit. Sie erhielten zusammen mit drei weiteren Städten mit mehr als 50.000 Einwohnern einen Sonderstatus, der ihnen nach wie vor ermöglichte, einige sonst von den Landkreisen übernommene Aufgaben weiterhin selbstständig zu übernehmen (wie z. B. die Schulträgerschaft).

Die sieben Sonderstatusstädte sind:

- Bad Homburg vor der Höhe
- Fulda (vormals kreisfrei)
- Gießen (vormals kreisfrei)
- Hanau (vormals kreisfrei)
- Marburg (vormals kreisfrei)
- Rüsselsheim
- Wetzlar

Städte und Gemeinden

Mit Frankfurt am Main liegt eine der bedeutendsten deutschen Städte in Hessen. Die eigentliche Stadt hat rund 680.000 Einwohner, mit dem engeren Umland sind es knapp 2 Millionen. Im ganzen Ballungsraum Rhein-Main lebt über die Hälfte der hessischen Bevölkerung, auch die meisten anderen großen Städte befinden sich hier: Wiesbaden (276.000 Einwohner), Darmstadt (144.000), Offenbach am Main (120.000), Hanau (89.000), Rüsselsheim (60.000) und Bad Homburg vor der Höhe (52.000).

Stadt Frankfurt am Main

Die größte Stadt der übrigen Landesteile ist Kassel, die historische Hauptstadt Nordhessens, mit knapp 200.000 Einwohnern heute die drittgrößte Stadt des Landes. Marburg (81.000 Einwohner), Gießen (77.000) und Wetzlar (51.000) liegen in Mittelhessen, Fulda (64.000) in Osthessen.

Im Frankfurter Umland liegen elf weitere Städte mit mehr als 30.000 Einwohnern (Rodgau, Oberursel, Dreieich, Maintal, Hofheim am Taunus, Neu-Isenburg, Langen, Bad Nauheim, Dietzenbach, Mörfelden-Walldorf und Bad Vilbel). An der südhessischen Bergstraße liegen drei weitere Städte dieser Größenordnung (Bensheim, Viernheim und Lampertheim). Trotz der geringen Einwohnerzahl von nur 33.000 hat Limburg an der Lahn eine gewisse

Zentrumsfunktion für den dünn besiedelten Westen des Landes.

Größte Städte

Stadt	Kreis	Einwohner 31. Dez. 2000	Einwohner 31. Dez. 2010	Veränderung 2000–2010 in %
Frankfurt am Main	kreisfrei	646.550	679.664	+5,12
Wiesbaden	kreisfrei	270.109	275.976	+2,17
Kassel	kreisfrei	194.766	195.530	+0,39
Darmstadt	kreisfrei	138.242	144.402	+4,46
Offenbach am Main	kreisfrei	117.535	120.435	+2,47
Hanau	Main-Kinzig-Kreis	88.294	88.637	+0,39
Marburg	Marburg-Biedenkopf	77.390	80.656	+4,22
Gießen	Gießen	73.138	77.366	+5,78
Fulda	Fulda	62.510	64.349	+2,94
Rüsselsheim	Groß-Gerau	59.357	60.294	+1,58
Bad Homburg vor der Höhe	Hochtaunuskreis	52.838	52.229	−1,15
Wetzlar	Lahn-Dill-Kreis	52.608	51.499	−2,11
Oberursel (Taunus)	Hochtaunuskreis	42.096	43.741	+3,91
Rodgau	Offenbach	43.123	43.283	+0,37
Dreieich	Offenbach	40.114	40.484	+0,92
Bensheim	Bergstraße	38.557	39.729	+3,04
Hofheim am Taunus	Main-Taunus-Kreis	37.441	38.253	+2,17
Maintal	Main-Kinzig-Kreis	38.179	37.962	−0,57
Neu-Isenburg	Offenbach	35.524	36.034	+1,44
Langen (Hessen)	Offenbach	35.208	35.570	+1,03
Mörfelden-Walldorf	Groß-Gerau	32.173	34.035	+5,79
Limburg an der Lahn	Limburg-Weilburg	33.572	33.400	−0,51
Dietzenbach	Offenbach	32.982	33.186	+0,62
Viernheim	Bergstraße	32.427	32.601	+0,54
Bad Vilbel	Wetteraukreis	29.716	31.822	+7,09
Lampertheim	Bergstraße	32.231	31.337	−2,77
Bad Nauheim	Wetteraukreis	30.199	31.176	+3,24
Bad Hersfeld	Hersfeld-Rotenburg	30.778	30.087	−2,25

Eine Auflistung aller Städte und Gemeinden des Landes findet sich in der Liste der Städte und Gemeinden in Hessen.

Regionen

Nachfolgend eine Auswahl:

- Bergstraße
- Hessisches Hinterland
- Knüll
- Lahn-Dill-Gebiet
- Lahn-Dill-Bergland
- Mittelhessen
- Niederhessen
- Nordhessen
- Oberhessen
- Odenwald
- Osthessen
- Rheingau
- Rhön
- Ried
- Schwalm
- Taunus
- Untermain
- Vogelsberg
- Waldeck
- Wetterau

Verkehr

Hessen ist aufgrund seiner zentralen Lage ein wichtiges Transitland für den deutschen und europäischen Fernverkehr. Frankfurt am Main hat als Knotenpunkt für den Straßen-, Schienen- und Luftverkehr eine herausragende Stellung.

Straßen

Durch Hessen führen die international wichtigen Autobahnen A 3, A 5 und A 7. Das Frankfurter Kreuz (Kreuzung der Autobahnen 3 und 5) gilt als das Autobahnkreuz mit dem höchsten Verkehrsaufkommen in Europa, die um Frankfurt mit bis zu vier Fahrspuren je Richtung ausgebaute A 5 ist eine der meistbefahrenen Straßen Deutschlands. Weitere bedeutende durch Hessen führende Autobahnen sind die A 4 (östlicher Teil), die A 44, die A 45, die A 66 und die A 67. Daneben gibt es eine ganze Reihe weiterer kleinerer Autobahnen und wichtige Bundesstraßen, die teilweise autobahnähnlich ausgebaut sind. Der Bevölkerungsdichte und der Topographie folgend ist das Rhein-Main-Gebiet wesentlich besser erschlossen als die ländlichen Gebiete Hessens.

Eisenbahn

Durch Hessen führen auch viele verkehrlich bedeutende Bahnstrecken, darunter die Schnellfahrstrecken Köln–Frankfurt und Hannover–Würzburg. Neben weiteren Nord-Süd-Verbindungen durchqueren auch die bedeutenden Ost-West-Verbindungen von Wiesbaden/Mainz über Frankfurt und Hanau nach Fulda bzw. Aschaffenburg sowie von Fulda bzw. Kassel über Bebra nach Eisenach und Erfurt Hessen. Zusammen mit dem Regionalverkehr führt dies auf vielen Strecken zu einer Streckenauslastung, die keine nennenswerte Steigerung mehr zulässt. Der Frankfurter Hauptbahnhof gilt als wichtigste Drehscheibe im deutschen Zugverkehr.

Hauptbahnhof in Frankfurt: Drehscheibe des deutschen Zugverkehrs

Die Region um Frankfurt verfügt mit der S-Bahn Rhein-Main über ein S-Bahn-Netz, welches von zahlreichen Regionalverbindungen ergänzt wird. Im übrigen Land ist das Schienennetz weit weniger dicht, von wenigen kleineren Stilllegungen abgesehen aber stabil. In Nordhessen ist seit 2007 das Eisenbahnnetz durch die RegioTram mit der Straßenbahn in Kassel verknüpft. Dabei werden auch alte stillgelegte Strecken reaktiviert.

Die RegioTram ist eingebunden in den Nordhessischen Verkehrsverbund. Dagegen gehören ganz Mittel- und Südhessen mit Ausnahme des Kreises Bergstraße zum Einzugsgebiet des Rhein-Main-Verkehrsverbundes.

Die Bahnstrecken im Nordwesten Hessens (Uplandbahn, Ederseebahn, Bahnstrecke Warburg–Sarnau, Obere Lahntalbahn, Obere Edertalbahn und Bahnstrecke Volkmarsen–Vellmar-Obervellmar) wurden 2002 von der DB-Tochter Kurhessenbahn übernommen. Seitdem wurden Gleise, Bahnsteige und Bahnübergänge erneuert. Die Fahrgastzahlen stiegen daraufhin an und die drohende Stilllegung von Burgwaldbahn und dem Abschnitt Wabern–Bad Wildungen der Ederseebahn konnte abgewendet werden. Außerdem strebt die Kurhessenbahn die

Reaktivierung der Unteren Edertalbahn an.

siehe auch Liste der Personenbahnhöfe in Hessen

Schifffahrt

Durch den Main und den Rhein, der auf einem längeren Abschnitt die Landesgrenze darstellt, ist das Rhein-Main-Gebiet als wirtschaftliches Zentrum Hessens an das europäische Wasserstraßennetz angeschlossen. Ferner hat Hessen mit seinem südlichsten Zipfel bei Hirschhorn und Neckarsteinach Anteil am Neckar und ganz im Norden bis Bad Karlshafen an der Oberweser. Daneben sind einzelne Abschnitte von Lahn, Werra und Fulda schiffbar. Gesamtwirtschaftlich gesehen von Bedeutung sind für Hessen nur die Rheinschifffahrt und die Mainschifffahrt, wobei die Kostheimer Mainschleuse die Schleuse mit dem höchsten Verkehrsaufkommen Europas ist.

Luftfahrt

Der Flughafen Frankfurt am Main ist der mit Abstand wichtigste Flughafen in Deutschland und gehört zu den zehn größten weltweit. Nicht weit südöstlich vom Frankfurter Flughafen befindet sich der vor allem von kleineren Maschinen frequentierte Flugplatz Frankfurt-Egelsbach. Zudem befindet sich in Langen ebenfalls im Rhein-Main Gebiet der Hauptsitz der DFS Deutsche Flugsicherung. Der in Nordhessen gelegene Flughafen Kassel-Calden, dessen Ausbau geplant ist, hat dagegen lediglich regionale Bedeutung. Daneben gibt es noch eine Reihe an Sportflugplätze. Der vor allem von Billigfluggesellschaften genutzte Flughafen Frankfurt-Hahn liegt etwa 100 km von Frankfurt entfernt in Rheinland-Pfalz.

Karte der Flughäfen und Landeplätze in Hessen

Radverkehr

Hessen durchzieht ein Netz von Radwegen. Überregional bedeutsam sind unter anderem die neun Radfernwege (R1-R9) sowie der Lahntal-Radweg, der Weserradweg und der Werratal-Radweg. Daneben gibt es eine Vielzahl von regionalen Routen, die wie die Radfernwege vor allem für den Fahrradtourismus von Bedeutung sind.

Wirtschaft

Das Rhein-Main-Gebiet besitzt nach dem Ruhrgebiet die größte Industriedichte in Deutschland. Von besonderer wirtschaftlicher Bedeutung sind die chemische und pharmazeutische Industrie mit Sanofi-Aventis SA, Merck KGaA, Heraeus, Messer Griesheim und ehemalige Degussa. Im Maschinen- und Fahrzeugbau ist vor allem Opel in Rüsselsheim zu erwähnen. Frankfurt ist als Bankenplatz von zentraler Bedeutung. Dabei ist zunächst an die Europäische Zentralbank und die Deutsche Bundesbank zu denken und bei den Geschäftsbanken vor allem am die Zentralen der Deutschen, der Commerzbank, der KfW Bankengruppe, der DZ Bank und zahlreicher kleinerer Banken aber auch die Niederlassungen sehr vieler ausländischer Banken rund um den Globus. Auch ist Frankfurt der bedeutendste deutsche Börsenplatz mit der Deutsche Börse AG. Versicherungsunternehmen haben sich mit Schwerpunkt Wiesbaden angesiedelt. Größter privater Arbeitgeber der Stadt ist mit rund 3.900 Mitarbeitern die R+V Versicherung. Hinzu kommen Versicherer wie die DBV-Winterthur, die SV SparkassenVersicherung und die Delta-Lloyd-Gruppe. Erwähnenswert ist die Lederindustrie in Offenbach. Der Flughafen Frankfurt am Main ist ein besonders wichtiger Unternehmensstandort. Hier sei vor allem der Flughafenbetreiber, die Fraport AG genannt, aber auch die Deutsche Lufthansa, für die Frankfurt der Heimathafen ihrer Luftflotte ist.

Banken-Skyline in Frankfurt am Main

Außerhalb der Rhein-Main-Region sind in Wetzlar Unternehmen mit Weltruf angesiedelt. Dort ist das Zentrum der optischen-, elektrotechnischen- und feinmechanischen Industrie Leitz, Leica, Hensoldt (Zeiss) sowie Buderus mit mehreren Werken in Mittelhessen. Fulda mit seinen Gummiwerken (Reifen), das Volkswagenwerk Kassel in Baunatal sowie der Lokomotivbau in Kassel bei Bombardier Transportation (bis 2001 Adtranz) haben größere Bedeutung. Ebenso ist in Nordhessen mit dem Original Teile Center der Volkswagen AG das europaweit größte Ersatzteilelager niedergelassen, das von der Volkswagen Original Teile Logistik vernetzt wird.

Im August 2008 zählte Hessen 199.573 Erwerbslose. Die Arbeitslosenquote beträgt somit 6,4 % (August 2007: 7,6 %). Mit 3,8 % hat der Hochtaunuskreis die niedrigste Quote, während die kreisfreie Stadt Kassel mit 12,1 % die höchste Quote landesweit aufweist.[14]

Hessen ist nach dem BIP pro Kopf der wohlhabendste Flächenstaat Deutschlands, es ist das drittwohlhabendste deutsche Land nach Hamburg und Bremen. Im Vergleich mit dem BIP der EU ausgedrückt in Kaufkraftstandards erreichte Hessen 2005 einen Index von 139,5 (EU-27:100; Deutschland: 115,2).[15]

Seit dem 1. Dezember 2006 sind in Hessen die Ladenöffnungszeiten liberalisiert. Nur die Sonn- und Feiertage stehen mit vier von den Kommunen festlegbaren Ausnahmen pro Jahr weiterhin unter Schutz. An den Ausnahmetagen, die nur in Verbindung mit einem Markt verkaufsoffen sein können, dürfen die Geschäfte bis zu sechs Stunden öffnen.

2007 betrug die Wirtschaftsleistung im Land Hessen gemessen am BIP rund 216 Milliarden Euro. Etwa ein Drittel der hessischen Fläche wird landwirtschaftlich genutzt. In Biblis befindet sich eines der deutschen Kernkraftwerke mit zwei getrennten Blöcken.

Die zehn größten Arbeitgeber in Hessen

Nach dem Land Hessen mit rund 150.000 Mitarbeitern sind diese Unternehmen die größten Arbeitgeber in Hessen:

	Name des Unternehmens[16]	Beschäftigte 2008
1.	Deutsche Lufthansa AG	>37.000
2.	Deutsche Bahn AG	23.400
3.	Deutsche Post Gruppe	19.400
4.	Rewe Group	>19.000
5.	Fraport AG	19.000
6.	Deutsche Telekom AG	<16.900
7.	Adam Opel AG	16.000
8.	Volkswagen AG	13.200
9.	Continental AG	13.100
10.	DZ Bank Gruppe	11.000

Sport

Hessen bietet aufgrund seiner zentralen Lage viele Sportmöglichkeiten. In der Rhön, im Taunus und um Willingen herum gibt es gute Wintersportmöglichkeiten und die Lahn sowie der Edersee sind als Wassersportzentren für Kanuten sehr bekannt. Nach dem Zweiten Weltkrieg kamen mit der United States Army auch Sportarten wie Basketball ins Land, in denen Hessen, insbesondere auch Mittelhessen, deutschlandweit ein Zentrum ist.

American Football

Im Rhein-Main-Gebiet ist American Football sehr verbreitet. Zu nennen ist hier vor allem die mittlerweile aufgelöste Mannschaft von Frankfurt Galaxy, die Rekordsieger des World Bowl (vier Titel: 1995, 1999, 2003, 2006) der NFL Europa waren.

In Hessen findet man drei GFL-Teams: die Marburg Mercenaries, die Wiesbaden Phantoms sowie die Darmstadt Diamonds.

Basketball

Mit den Frankfurt Skyliners und den Gießen 46ers, dem letzten Gründungsmitglied der Basketball-Bundesliga, spielen zwei hessische Mannschaften in der Basketball-Bundesliga der Herren. Bei den Frauen ist der BC Marburg, Deutscher Meister von 2003, in der ersten Liga vertreten. Wetzlar ist eine Hochburg im Rollstuhlbasketball. Der dort beheimatete Bundesligist RSV Lahn-Dill ist bereits unter anderem achtfacher Deutscher Meister, achtfacher Pokalsieger, vierfacher Champions-Cup-Sieger, Weltpokalsieger 2010 und Vize-Weltcupsieger 2006 sowie WBC-Europapokalsieger (Willi-Brinkmann-Cup) 2002. Im Jahre 2009 sind die Damen der Rhein-Main Baskets, beheimatet in Hofheim und Langen, in die 1. Basketball-Bundesliga aufgestiegen.

Eishockey

In der Deutschen Eishockey Liga spielten bis zur Saison 2009/10 die Frankfurt Lions sowie die Kassel Huskies.

Fußball

Bedeutendste hessische Fußballmannschaft ist Eintracht Frankfurt (2. Bundesliga), Deutscher Meister von 1959, viermaliger DFB-Pokalsieger und UEFA-Cup-Sieger von 1980. Ebenfalls in der 2. Fußball-Bundesliga ist der FSV Frankfurt aktiv. Kickers Offenbach, SV Darmstadt 98 und der SV Wehen Wiesbaden gehen in der 3. Liga an den Start und in der Regionalliga spielt der Traditionsclub KSV Hessen Kassel.

Fußballbundesligaspiel von Eintracht Frankfurt, 2006

Mit jeweils sieben deutschen Meisterschaften und Pokalsiegen sowie drei internationalen Titeln ist der 1. Frauen-Fußball-Club Frankfurt erfolgreichster Verein im deutschen Frauenfußball. Die 2006 aufgelöste Frauenmannschaft des FSV Frankfurt zählt 3 Meistertitel und 5 Pokalsiege. Die Frauen des RSV Roßdorf und von Eintracht Wetzlar spielen in der Regionalliga Süd.

Handball

Die HSG Wetzlar und MT Melsungen spielen in der Handball-Bundesliga.Seit der Saison 2011 ist auch der TV Hüttenberg wieder dabei, der bereits 1966/67, 1968/69, 1972-1985 in der 1. Liga spielte. Ehemalige langjährige Handball-Bundesligisten waren die SG Wallau (1984/85, 1987-2005) und die SG Dietzenbach (1971-74, 1975-78, 1979-83).

In der 2. Handball-Bundesliga Süd spielen in der Saison 2010/11 folgende hessische Vereine: TSG Groß-Bieberau, , TV Groß-Umstadt und HSG FrankfurtRheinMain.

Ferner gab es mit dem TV Lützellinden, der sich 2006 auflöste, einen seit Ende der 1980er-Jahre bundesligaweit erfolgreichen Damen-Handballverein.

Hockey

Erfolgreichste hessische Hockeymannschaft ist der Rüsselsheimer RK. Bis heute kann dessen Hockeyabteilung 47 Deutsche Meisterschaften im Hallenhockey und Feldhockey verbuchen, ungezählt die Vizemeisterschaften, Süddeutschen Meisterschaften und Hessenmeisterschaften. Europa-Cups im Hockey wanderten bereits 18 mal in die Preisvitrine des RRK-Bootshauses. Heute spielt der RRK mit den Ersten Damen im Feldhockey und im Hallenhockey in der 1. Bundesliga, mit den Ersten Herren im Feldhockey in der 2. Bundesliga und im Hallenhockey in der 1. Bundesliga.

Tischtennis

In der Bundesliga der Männer spielen die TG Hanau und der TTC Rhön-Sprudel Fulda-Maberzell. Der zweifache Champions League-Sieger TTV Gönnern spielte von 1996 bis 2009 in der Bundesliga, zog seine Mannschaft dann aber wegen finanzieller Probleme zurück und trat die Lizenz an Hanau ab. Die Frauen des NSC Watzenborn-Steinberg spielen in der 2. Bundesliga Süd der Damen.

Der zur Weltspitze gehörende Timo Boll ist ein gebürtiger Hesse aus Erbach (Odenwald), ebenso wie der Doppelweltmeister Jörg Roßkopf aus Dieburg.

Turnen

Ein Leistungszentrum für Kunstturnen (Damen und Herren) besteht in Wetzlar. Von dort stammt auch Fabian Hambüchen.

Volleyball

Die Damenmannschaft des 1. VC Wiesbaden spielt in der 1. Bundesliga.

Wasserball

Mit dem VfB Friedberg, dem WF Fulda, Frankfurt und Darmstadt sind gleich vier Vereine in der zweithöchsten deutschen Liga vertreten.

Medien in Hessen

Für die Zulassung privater Radio- und Fernsehsender zuständig ist die Hessische Landesanstalt für privaten Rundfunk und neue Medien.

Tageszeitungen

In Frankfurt erscheinen mit der Frankfurter Allgemeinen Zeitung und der Frankfurter Rundschau zwei der wichtigsten Tageszeitungen Deutschlands. Zusammen mit der Frankfurter Neuen Presse und der Regionalausgabe der Bild dominieren diese auch den regionalen Zeitungsmarkt in der Rhein-Main-Region. Marktführer am nordhessischen Zeitungsmarkt ist die in Kassel erscheinende Hessische/Niedersächsische Allgemeine. Daneben gibt es einige regionale Tageszeitungen von Verlagsgruppen (z. B. Wiesbadener Kurier, Darmstädter Echo), die in ihren jeweiligen Erscheinungsgebieten entweder Marktführer sind oder zumindest signifikante Marktanteile haben (laut IVW).

Siehe auch: Kategorie:Zeitung (Hessen)

Fernsehsender

Öffentlich-rechtlich

- hr-fernsehen, Frankfurt am Main

Bundesweite Privatsender

- Bloomberg TV, Frankfurt am Main
- Evangeliums-Rundfunk, Wetzlar
- Kinowelt TV, Frankfurt am Main
- TGRT Europe, Mörfelden-Walldorf

Regionale Sender

- Offener Kanal
  - Fulda
  - Gießen
  - Kassel
  - Offenbach-Frankfurt
- rheinmaintv, Bad Homburg vor der Höhe

Regionale Fenster

- TV IIIa (*17:30 live*), Mainz (Sat.1)
- RTL Hessen (*Guten Abend RTL*), Frankfurt am Main (RTL)

Radiosender

Öffentlich-rechtliche Rundfunkanstalt

- Hessischer Rundfunk:
  - hr1, Frankfurt am Main
  - hr2, Frankfurt am Main
  - hr3, Frankfurt am Main
  - YOU FM, Frankfurt am Main
  - hr4, Kassel
  - hr info, Frankfurt am Main

Militärsender

- American Forces Network – Militärischer Sender der US-Streitkräfte mit Sitz in Wiesbaden & Hanau

Privater kommerzieller Rundfunk

- Evangeliums-Rundfunk, Wetzlar
  - Trans World Radio, Wetzlar
- Hit Radio FFH, Bad Vilbel
  - harmony.fm, Bad Vilbel
  - Hit Radio FFH, Bad Vilbel
  - Planet Radio, Bad Vilbel
- Energy Rhein-Main, Frankfurt am Main
- Radio Fortuna, Heusenstamm
- Radio Bob, Kassel

Private nichtkommerzielle Lokalradios

- Freies Radio Kassel, Kassel
- Radio-X, Frankfurt am Main
- Radio Unerhört Marburg (RUM), Marburg
- RaDaR, Darmstadt
- Radio Rüsselsheim, Rüsselsheim
- Radio RheinWelle 92,5, Wiesbaden
- RundFunk Meißner (RFM), Eschwege

Nachrichtenagenturen

- Evangelische Nachrichtenagentur Idea, Wetzlar

Trivia

Das nicht natürlich vorkommende chemische Element mit der Kernladungszahl 108 trägt seit 1997 den Namen Hassium, der sich vom lateinischen Namen *Hassia* für Hessen ableitet. Es konnte 1984 beim GSI Helmholtzzentrum für Schwerionenforschung in Darmstadt durch Verschmelzung von Blei mit Eisen zum ersten Mal erzeugt werden.

Die Hymne des Landes ist das *Hessenlied.*

Siehe auch

- Hessische Bibliographie

Literatur

- Dietwulf Baatz u. a.: *Die Römer in Hessen.* Stuttgart 1989, ISBN 3-8062-0599-X
- Gerd Bauer u. a.: *Das Hessen-Lexikon.* Frankfurt 1999, ISBN 3-8218-1751-8
- Wilhelm Diehl: *Hassia Sacra.* Bde. 1-11, Darmstadt 1921 ff.
- Karl Ernst Demandt: *Geschichte des Landes Hessen.* 2. Auflage, Bärenreiter-Verlag, Kassel und Basel 1972, ISBN 3-7618-0404-0
- *Mitteilungen des Vereins für hessische Geschichte und Landeskunde.* (1845-1860 als *Periodische Blätter*). Verein für hessische Geschichte und Landeskunde, Kassel 1845ff. (Volltext [18])
- Walter Heinemeyer: *Das Werden Hessens.* Hrsg. Historische Kommission für Hessen, N.G.Elwert Verlag, Marburg 1986, ISBN 3-7708-0849-5
- Fritz-Rudolf Herrmann, Albrecht Jockenhövel: *Die Vorgeschichte Hessens.* Konrad Theiss Verlag, Stuttgart 1990, ISBN 3-8062-0458-6
- Wilhelm Müller: *Hessisches Ortsnamenbuch.* 1. Bd. Starkenburg, Darmstadt 1937
- Frank-Lothar Kroll: *Hessen, Eine starke Geschichte.* Konrad Theiss Verlag, Stuttgart 2006, ISBN 3-8062-2004-2
- Uwe Schulz: *Die Geschichte Hessens.* Konrad Theiss Verlag, Stuttgart 1983, ISBN 3-8062-0332-6
- Ph.A.F. Walther: *Das Großherzogthum Hessen.* Darmstadt 1854
- Literatur von Hessen [19] im Katalog der Deutschen Nationalbibliothek
- Hessische Bibliographie [20]

Literatur zur politischen Geschichte in Hessen

- Peter Assion: *Von Hessen in die Neue Welt*, Frankfurt 1987, ISBN 3-458-14603-2
- Gerd Bauer: *Die Geschichte Hessens*, Frankfurt 2002, ISBN 3-8218-1750-X
- Eike Hennig (Hrsg): *Hessen unterm Hakenkreuz*, Insel Verlag, Frankfurt 1983, ISBN 3-458-14114-6
- Gerhard Beier: *Arbeiterbewegung in Hessen - 1834-1984*, Insel Verlag, Frankfurt 1984, ISBN 3-458-14213-4
- Gerhard Beier: *SPD Hessen - Chronik 1945 bis 1988*, Verlag J.H.W. Dietz Nachf. GmbH, Bonn 1989, ISBN 3-8012-0146-5
- Hans Herder (Hrsg.): *Hessisches Auswandererbuch*, Frankfurt 1983, ISBN 3-458-14115-4
- Hessische Staatskanzlei: *Das Hessen InfoBuch. Zahlen, Daten Fakten und Service.* Hessische Staatskanzlei, Wiesbaden 2006, ISBN 3-933732-61-1
- Christine Wittrock: *Das Unrecht geht einher mit sicherem Schritt*, Materialien zur regionalen Faschismusgeschichte in Hessen, CoCon Verlag, Hanau, ISBN 3-928100-71-8
- Eckhart G. Franz: *Die Chronik Hessens*, Chronik-Verlag, Dortmund 1991, ISBN 3-611-00192-9
- Joschka Fischer: *Regieren geht über Studieren*, Athenäum Verlag, Frankfurt 1987, ISBN 3-610-08443-X.
- Eugen Katz: *Landarbeiter und Landwirtschaft in Oberhessen*, Dissertation in: *Münchener Volkswirtschaftliche Studien*, Hrsg.: Lujo Brentano, Walther Lotz, Gotta´sche Buchhandlung, Stuttgart/Berlin 1904.
- Frank Lothar Kroll: *Hessen. Ein starke Geschichte*, Stuttgart 2006, ISBN 3-8062-2004-2
- Karl E. Demandt: *Geschichte des Landes Hessen*, 2. Aufl., Kassel 1972
- Bernd Heidenreich, Eckhart G. Franz (Hrsg.): *Die Hessen und ihre Geschichte*, Wiesbaden 1999, ISBN 3-927127-32-9
- Utta Müller-Handl: *Die Gedanken laufen oft zurück - Hessische Flüchtlingsfrauen erinnern sich*, Verlag Historische Kommission für Nassau, Wiesbaden 1993, ISBN 3-922244-91-2
- Walter Mühlhausen: *Hessen 1945-1950*, Frankfurt, ISBN 3-458-14292-4

Literatur zur Kunstgeschichte in Hessen

- Chr. Belser AG für Verlagsgeschäfte & Co: "Kunstreiseführer Hessen", Gondrom Verlag Bindlach 1988, ISBN 3-8112-0588-9
- Renate Liebenwein, Stefan Rothe: *Kaiserpfalz und Wolkenkratzer. (1200 Jahre) Kunst in Hessen*, Königstein i. Ts. 2000, ISBN 3-7845-4612-9
- Hans Sarcowicz, Ulrich Sonnenschein (Hrsg): *Die großen Hessen*, Insel Verlag, Frankfurt am Main / Leipzig 1996, ISBN 3-458-16817-6

Literatur zur Natur in Hessen

- Hermann-Josef Rapp (Hrsg.): *Reinhardswald. Eine Kulturgeschichte.* Euregio, Kassel 2002, ISBN 3-933617-12-X
- Hans Joachim Fröhlich: *Wege zu alten Bäumen. Band 1 - Hessen.* WDV Wirtschaftsdienst, Frankfurt am Main 1990, ISBN 3-926181-06-0
- Wilhelm Sievers (Hrsg.): *Geographische Mitteilungen aus Hessen*, Gießen 1900-1911
- Wilhelm Sievers: *Zur Kenntnis des Taunus*, Stuttgart 1891
- Stiftung Hessischer Naturschutz (Hrsg.): *Die Wetterau - Felder, Auen und Visionen*, Verlag Herwig Klemp, Wardenburg/Tungeln 2001, ISBN 3-931323-10-2
- Gerd-Peter Kossler, Gottfried Lehr, Klaus Seipel: *Der korrigierte Fluß - Die Nidda zwischen Regulierung und Renaturierung*, Vertrieb: Gerd-Peter Kossler, Frankfurt 1991, ISBN 3-9800853-3-3

Literatur zur Volkskunde in Hessen

- Hans Friebertshäuser: *Das hessische Dialektbuch*, Verlag C.H.Beck, München 1987, ISBN 3-406-32317-0
- Hans Friebertshäuser: *Kleines hessisches Wörterbuch*, Verlag C.H.Beck, München 1990, ISBN 3-406-34192-6
- *Hessische Blätter für Volks- und Kulturforschung*, Jonas Verlag (Periodika), Marburg/Lahn
- Carl Heßler: *„Hessische Volkskunde", Das ehemalige Kurhessen und das Hinterland am Ausgang des 19. Jahrhunderts,* Band II, Unveränderter Nachdruck der Originalausgabe von 1904, N.G. Elwert Verlag Marburg, Neudruck in Lizenz bei Verlag Weidlich Würzburg 1984, ISBN 3-8035-1037-6
- Regina Klein: *In der Zwischenzeit*, Tiefenhermeneutische Fallstudien zur weiblichen Verortung im Modernisierungsprozess 1900 - 2000, Psychosozial-Verlag, Gießen 2003, ISBN 3-89806-194-9
- Robert Mulch u. a.: *Südhessisches Wörterbuch*, Gießen 1966 ff.

Weblinks

- www.hessen.de [4]
- www.hessischer-landtag.de [21]
- Hessisches Landesamt für Bodenmanagement und Geoinformation: Anzeige von Ausschnitten aus amtlichen Luftbildern und Kartenwerken [22]
- Umweltatlas Hessen [23] – Offizielles Informationsangebot mit zahlreichen Karten und Daten zu naturräumlichen und geografischen Grundlagen (Geologie, Landschaft, Wasser, Verkehr, Bevölkerung, Flächennutzung, Planung...)
- Links zum Thema Hessen [24] im Open Directory Project

Einzelnachweise

[1] Statistische Ämter des Bundes und der Länder (http://www.statistik-portal.de/Statistik-Portal/de_zs01_he.asp)

[2] *Arbeitslosenquoten im November 2011 – Länder und Kreise.* (http://www.pub.arbeitsagentur.de/hst/services/statistik/000000/html/start/karten/aloq_kreis.html) In: *arbeitsagentur.de.* Bundesagentur für Arbeit, abgerufen am 30. November 2011.

[3] Statistisches Bundesamt - Angaben zu den Schulden der Länder (http://www.destatis.de/jetspeed/portal/cms/Sites/destatis/Internet/DE/Presse/pm/2011/02/PD11__069__713,templateId=renderPrint.psml,)

[4] Artikel 160 der Hessischen Verfassung bestimmt: "Diese Verfassung tritt mit ihrer Annahme durch das Volk in Kraft. Gleichzeitig tritt das Staatsgrundgesetz vom 22. November 1945 außer Kraft." Damit wurde am Tag der Volksabstimmung *Groß-Hessen* zu *Hessen.*

[5] EKD Statistik, Stand 31. Dezember 2006 (http://www.ekd.de/default.html)

[6] *Studie: Deutlich mehr Muslime in Deutschland* (http://www.dw-world.de/dw/article/0,,4419533,00.html). Deutsche Welle, 23. Juni 2009

[7] Die Verfassung von Württemberg-Baden war zwar älter, jedoch ist das Land 1952 in Baden-Württemberg aufgegangen

[8] Europapolitische Strategie der Hessischen Landesregierung (http://www.hmdj.hessen.de/irj/servlet/prt/portal/prtroot/slimp.CMReader/HMdJ_15/HMdJ_Internet/med/d28/d28207e4-4fb1-3c21-f012-f31e2389e481,22222222-2222-2222-2222-222222222222,true)

[9] Vereinbarung über die Unterrichtung des Hessischen Landtages durch die Landesregierung in Angelegenheiten der Europäischen Union (http://www.hessischer-landtag.de/icc/Internet/med/893/89346957-626a-e21f-44b1-cf32184e3734,11111111-1111-1111-1111-111111111111.pdf) vom 28. Juni 2010

[10] Hessische Partnerregionen auf den Seiten des Justizministeriums (http://www.hmdj.hessen.de/irj/HMdJ_Internet?cid=da5285cd6e6afaf09ee4aa7498e783a2)

[11] § 1 Gesetz über die Hoheitszeichen des Landes Hessen (http://209.85.135.104/search?q=cache:qGA1a3dwUncJ:www.hessenrecht.hessen.de/gesetze/17_Orden/17-1-HoheitszeichenG/HoheitszeichenG.htm+http://www.hessenrecht.hessen.de/gesetze/17_Orden/17-1-HoheitszeichenG/HoheitszeichenG.htm&hl=de&ct=clnk&cd=1&gl=de) vom 4. August 1948, GVBl. S. 111

[12] § 2 Gesetz über die Hoheitszeichen des Landes Hessen (http://209.85.135.104/search?q=cache:qGA1a3dwUncJ:www.hessenrecht.hessen.de/gesetze/17_Orden/17-1-HoheitszeichenG/HoheitszeichenG.htm+http://www.hessenrecht.hessen.de/gesetze/17_Orden/17-1-HoheitszeichenG/HoheitszeichenG.htm&hl=de&ct=clnk&cd=1&gl=de) vom 4. August 1948, GVBl. S. 111

[13] Hessisches Ministerium des Innern und für Sport: *Das Landeswappen* (http://www.hessen.de/irj/HMdI_Internet?cid=bca193cf4f82c5d5a4b45ecc90722215)

[14] Arbeitslosenquoten im Mai 2011 (http://www.pub.arbeitsamt.de/hst/services/statistik/000000/html/start/karten/aloq_kreis.html)

[15] Eurostat News Release 19/2008: Regional GDP per inhabitant in the EU 27 (http://epp.eurostat.ec.europa.eu/pls/portal/docs/PAGE/PGP_PRD_CAT_PREREL/PGE_CAT_PREREL_YEAR_2008/PGE_CAT_PREREL_YEAR_2008_MONTH_02/1-12022008-EN-AP.PDF)

[16] Landesbank Hessen-Thüringen Girozentrale Volkswirtschaft/Research: *Die 100 größten Unternehmen in Hessen* (http://www.invest-in-hessen.de/mm/100grHessen_2009.pdf) Helaba Frankfurt, Februar 2009, S. 10

Koordinaten: 50° 40′ 0.7″ N, 8° 35′ 28.7″ O

pfl:Hesse

Richelsdorfer_Gebirge

Das **Richelsdorfer Gebirge** ist eine bis 478.2 m ü. NN hohe, durch Bergbau (Kupferschiefer, Kobalt, Nickel) geprägte Landschaft im Landkreis Hersfeld-Rotenburg, Osthessen. Entgegen der Bezeichnung *Gebirge* bezeichnet der Name ursprünglich eigentlich kein in sich geschlossenes Mittelgebirge, sondern eine Kulturlandschaft.[1] Umgangssprachlich wird mit dem Namen inzwischen auch die gesamte umgebende Mittelgebirgslandschaft im Südosten des Fulda-Werra-Berglandes bezeichnet, wodurch Teile des Südens des Werra-Meißner-Kreises und der äußerste Nordwesten des thüringischen Wartburgkreises hinzu kommen.

Geografie

Das *eigentliche* Richelsdorfer Gebirge liegt ganz im Altkreis Rotenburg und wird von den Orten Nentershausen (im Nordwesten), Richelsdorf (im Südosten), Hönebach (im Süden) und Iba (im Westen) eingerahmt. Zentraler Ort ist Süß. Die bewaldeten Gebirgsteile liegen überwiegend auf Buntsandstein, im Gebiet zwischen Nentershausen und Süß sowie im Ibaer Hügelland herrschen Zechstein und Rotliegend vor. [2]

Orografische Abgrenzung

Landläufig wird das Richelsdorfer Gebirge häufig weiter gefasst als die ursprüngliche Bergbauregion, wobei als orografische (auf Höhenstrukturen bezogene) Grenzen in etwa die folgenden angenommen werden können:

- Nordwestgrenze ist der *Maßholder Bach* von der Quelle bei Dens bis zur Mündung in die Hasel, der Unterlauf der Hasel bis zur Mündung in die Sontra und die Sontra bei über den gleichnamigen Ort Sontra bis zur Mündung der Ulfe
- Nordostgrenze zum Ringgau ist die Ulfe flussaufwärts von der Mündung über Breitau bis Ulfen und diese Linie in etwa verlängert um die deutliche Höhenstufe des Ringgaus bis westlich Unhausens, fortan der *Breitzbach* über Unhausen und Breitzbach bis zur Mündung in die Nesse in Nesselröden sowie der Unterlauf der Nesse bis zur Mündung in die Werra
- Südostgrenze ist in etwa die Trasse der A 4 über Gerstungen und Obersuhl bis Hönebach, die dem Tälern von Werra und Suhl flussaufwärts folgt
- Südgrenze zum Seulingswald ist das Tal der Ulfe über Ronshausen bis zur Mündung in die Fulda südlich Bebras.
- Südwestgrenze zum Stölzinger Gebirge ist die Solz von der Mündung in die Fulda in Bebra bachaufwärts bis zur Quelle bei Solz

Neben dem Landkreis Hersfeld-Rotenburg haben der ebenfalls hessische Werra-Meißner-Kreis (Norden) und der thüringische Wartburgkreis (Westen) Anteil an dieser Mittelgebirgsregion.

Berge

Zu den Bergen des orografischen Richelsdorfer Gebirges gehören[3] (Höhe über NN, Naturraum, Landkreis):

Berg	Höhe	Lage	Kreis
Herzberg	478.2 m ü. NN	Solztrottenwald	Landkreis Hersfeld-Rotenburg
Armsberg	470,6 m	östlicher *Solztrottenwald*	Werra-Meißner-Kreis
Mühlberg	467,3 m	östlicher *Solztrottenwald*	Werra-Meißner-Kreis
Kleiner Armsberg	465,8 m	östlicher *Solztrottenwald*	Werra-Meißner-Kreis
Holstein	462,6 m	Hosbach-Sontra-Bergland	Werra-Meißner-Kreis
Spitzhütte	461,5 m	*Solztottenwald*	Landkreis Hersfeld-Rotenburg
Großer Armsberg	459,7 m	östlicher *Solztrottenwald*	Wartburgkreis
Rotestock	455,7 m	*Solztrottenwald*	Landkreis Hersfeld-Rotenburg
Hohe Süß	454,0 m	*Solztrottenwald*	Landkreis Hersfeld-Rotenburg
Hohe Buche	439,2 m	südliche Nahtstelle des Sontraer Landes zu *Ibaer Hügelland* und *Solztrottenwald*	Landkreis Hersfeld-Rotenburg
Schniedsberg	428,8 m	südliche Nahtstelle des *Sontraer Landes* zu *Ibaer Hügelland* und *Solztrottenwald*	Landkreis Hersfeld-Rotenburg
Langhellsberg	421,7 m	*Hosbach-Sontra-Bergland*	Werra-Meißner-Kreis
Flötschkopf	421,2 m	östlicher *Solztrottenwald*	Wartburgkreis
Stillmes	419,5 m	östlicher *Solztrottenwald*	Wartburgkreis
Vogelheerd	418,9 m	*Solztrottenwald*	Werra-Meißner-Kreis
Schiffskopf	417,5 m	östlicher *Solztrottenwald*	Wartburgkreis
Hühnerkopf	417,0 m	Westen des *Solztrottenwaldes*	Landkreis Hersfeld-Rotenburg
Ratzbusch	408,4 m	nordwestliche Nahtstelle des *Solztrottenwaldes* zum *Sontraer Land*	Landkreis Hersfeld-Rotenburg
Heßberg	405,3 m	östlicher *Solztrottenwald*	Werra-Meißner-Kreis
Hesselkopf	403,4 m	Ibaer Hügelland	Landkreis Hersfeld-Rotenburg
Auerhansberg	403,2 m	*Solztrottenwald*	Landkreis Hersfeld-Rotenburg
Stubbachshöhe	403,1 m	Süden des *Solztrottenwaldes*	Landkreis Hersfeld-Rotenburg
Hegeküppel	399,7 m	*Ibaer Hügelland*	Landkreis Hersfeld-Rotenburg
Borkhahn	391,8 m	östlicher *Solztrottenwald*	Wartburgkreis
Heiligenberg	379,2 m	östlicher *Solztrottenwald*	Wartburgkreis[4]
Iburg	ca. 380 m[5]	*Ibaer Hügelland*	Landkreis Hersfeld-Rotenburg
Kesselkopf	378,1 m	östlicher *Solztrottenwald*	Wartburgkreis

Schösserberg	377,9 m	östlicher *Solztrottenwald*	Wartburgkreis
Brodberg	376,5 m	*Sontraer Land*	Landkreis Hersfeld-Rotenburg
Reichenberg	365,8 m	*Sontraer Land*	Landkreis Hersfeld-Rotenburg
Fuldaischer Berg	332,0 m	östlicher *Solztrottenwald*	Wartburgkreis
Weinberg	298,7 m	östlicher *Solztrottenwald*	Wartburgkreis
Straßberg	258,1 m	östlicher *Solztrottenwald*	Wartburgkreis
Lindig	247,2 m	östlicher *Solztrottenwald*	Wartburgkreis

Gewässer

Folgende Flüsse entspringen im Inneren des (orographischen) Richelsdorfer Gebirges (im Uhrzeigersinn geordnet, beginnend im Nordwesten):

- die Hasel, ein Zufluss der Sontra
- die Ulfe (Sontra), ein Zufluss der Sontra
- die Weihe, ein Zufluss der Werra
- die Suhl, ein Zufluss der Weihe
- die Iba, ein Zufluss der Ulfe (Fulda)
- das Cornberger Wasser, ein Zufluss der Sontra
- die Solz, ein Zufluss der Fulda

Erwähnenswert ist ferner der *Denser See*, ein kleiner Teich, der über durchlässigem Zechsteinsalz liegt, weswegen sein Wasserinhalt aufgrund recht großer Versickerung stark schwankt.

Naturräumliche Abgrenzung

Das Richelsdorfer Gebirge in den o.g. orografischen Grenzen besteht naturräumlich in der Hauptsache aus dem Solztrottenwald (357,21) und dem sich westlich anschließenden, weitgehend gerodeten Ibaer Hügelland (357,30), welches weitgehend den Einzugsgebieten von Iba und Solz entspricht und daher nach Westen (rechts der Solz) etwas über die o.g. Grenze hinaus geht.

Im Nordwesten kommen südöstliche Teile des gerodeten Sontraer Landes (357.31) hinzu und im äußersten Norden der Südosten des weitgehend bewaldeten Hosbach-Sontra-Berglandes (357.90).

Alle genannten Landschaften gehören zum Fulda-Werra-Bergland (Haupteinheit 357). [6]

Kulturgeografie

Ortschaften

Zu den Ortschaften des Richelsdorfer Gebirges gehören:

- Sontra – im Norden
- Gerstungen – im Südosten
- Wildeck-Obersuhl – im Südosten
- Nentershausen – im Zentrum
- Ronshausen – im Süden
- Bebra – im Westen

Burgen und Schlösser

Burgen und Schlösser oder derartige Ruinen im Richelsdorfer Gebirge sind:

- Burg Tannenberg (351 m ü. NN), bei Nentershausen

drei Ruinen im Gemeindegebiet von Wildeck:

- Burg Wildeck, Ursprungsbau
- Jagdschloss Blumenstein, Nachfolger der „Burg Wildeck“
- Sommerschloss Blumenstein, Nachfolger des „Jagdschlosses Blumenstein“

Verkehrsanbindung

Etwa entlang der südöstlichen Begrenzung des Richelsdorfer Gebirges führt zwischen den Anschlüssen Wommen und Wildeck-Hönebach ein Abschnitt der A 4. Von dieser Autobahn zweigt bei Wommen in Richtung Nordwesten die B 400 ab, die nahe Sontras auf die nordwärts nach Eschwege und süd-südwestwärts nach Bebra führende B 27 stößt. In Planung/Bau befindet sich das Teilstück Sontra–Herleshausen der A 44. Von diesen Straßen zweigen zahlreiche durch das Gebirge führende Landes- und Kreisstraßen ab.

Bergbaugeschichte

Der Bergbau im Richelsdorfer Gebirge ist urkundlich seit 1460 belegt.[7] Es wurde nach Kupfer, Cobalt und Schwerspat gegraben. Die im Jahre 1499 festgelegte Bergwerksordnung von Sontra war Vorbild vieler andere Bergwerksordnungen in Deutschland.

Man baute ins 19. Jahrhundert hinein, in den später 1930er Jahren und nach dem 2. Weltkrieg nochmals bis 1955 [8] Kupferschiefer und "Sanderz" ab (beide ca 1 % Kupfer). Eine Weile war der Bergbau auf Kobalt erfolgreich (auf Verwerfungen des Kupferschiefers, sogenannte Rücken, zum Schluss wurde ab dem 19. Jh. bis ca 1965 noch Baryt (Schwerspat) abgebaut. Der Schwerpunkt des Bergbaus fand vorwiegend im Süden des Gebirges statt (Südmulde des Zechsteins, nur der Reichenbergschacht zwischen Dens und Weissenhasel war in der Nordmulde gelegen. Der Reichenbergeschacht förderte trotz hoher Investitionen insgesamt nur kurze Zeit ab den 1940 Jahren und musste schließlich wegen massiver Wassereinbrüche aufgegeben werden).

Die Gegend zwischen der Richelsdorfer Hütte und der Friedrichshütte bei Iba (heute Stadtteil von Bebra) bildete später immer den Abbauschwerpunkt, so dass in der Mitte des 17. Jahrhunderts das Bergamt von Sontra nach Richelsdorf verlegt wurde. Für den Bergbau des 20. Jh. [9] im Rahmen des Vierjahresplans des Dritten Reichs wurde auf dem Brodberg südwestlich von Sontra die Hessenhütte errichtet. Das Sanderz wurde flotiert (die Rückstände liegen immer noch am Brodberg) und das Konzentrat bei Schmelzen des Kupferschiefers auf Kupferrohstein zugeschlagen. Der Rohstein wurde zur weiteren Verhüttung nach Hettstedt im Mansfelder Land gebracht. Die beim Schmelzen des Kupferschiefers anfallende Schlacke (ca 95% des anfallenden Materials) wurde zu Schlackesteinen gegossen, aus denen heute noch die Pflasterung der Straße auf den Brodberg besteht.

Die letzten Bergwerke wurden bis 1955 (Kupferschiefer im Schacht Wolfsberg und Schnepfenbusch) bzw. 1965 (Baryt, Gr. Franziska, Gr. Münden schon 1951) geschlossen. Der Kupferschieferbergbau war im 20. Jh. nicht mehr wirtschaftlich und wurde unter hohem Subventionsbedarf betrieben (ähnlich wie der Bergbau im Mansfelder Land ab 1930 und bei Sangerhausen bis 1991, obwohl der Kupferschiefer dort mehr Kupfer enthielt). Aus den ehemaligen Hütten und Grubenstandorten wurden Industriegebiete, in denen zum Teil noch heute Nachfolgeunternehmen der ehemaligen Hütten tätig sind.

Die Restvorräte des Kupferschiefers im Richelsdorfer Gebirge (besonders bei Ronshausen) werden derzeit wegen der zu geringen Vorräte als nicht mehr abbauwürdig angesehen [10]. Zudem existiert in wirtschaftlicher Nähe keine Hütte mehr, die Kupferschiefer verarbeitet.

Anhang

Belege

[1] *Nationalatlas Deutschland* Band 2, Institut für Länderkunde, Leipzig (ISBN 3-8274-0953-5)

[2] LAGIS: Geologische Karte Hessens (http://cgi-host.uni-marburg.de/~hlgl/atlas/id.cgi?ex=inhalt&page=0¤t=2&id=2)

[3] Kartendienste (http://www.bfn.de/0503_karten.html) des BfN, DVD „Hessen3D“ (ISBN 978-3-935603-73-7) und „Thüringen3D“ (ISBN 978-3-935603-79-9)

[4] In der Karte „Waldhessen (Östlicher Teil)“ (ISBN 978-3-89446-306-9) ist dieser Berg als Kirchwaldskopf verzeichnet und auch in diesen Karten als Kirchwaldskopf zu finden: „Deutschland-Viewer“ (379,0 m), Haupka-Radtourenkarte „Knüllgebirge-Kassel“ (ISBN 3-88495-105-x; 379 m); „Meißner-Kaufunger Wald“ (ISBN 3-89446-318-x; MK-TF50; 379,0 m). In der DVD „Hessen3D“ (ISBN 978-3-935603-73-7) und in der Karte „Thüringen3D“ (ISBN 978-3-935603-79-9) hingegen ist der Berg als Heiligenberg ausgewiesen.

[5] Der auf Karten mit 346,0 m bezeichnete Punkt bezeichnet die Höhenlage eines Naturdenkmals am Westhang der Kuppe

[6] Karte (http://atlas.umwelt.hessen.de/atlas/naturschutz/naturraum/karten/35.htm) und Legende (http://atlas.umwelt.hessen.de/atlas/naturschutz/naturraum/texte/ngl-ob.htm) zum Fulda-Werra-Bergland (357) und den Unter-Naturräumen im *Umweltatlas Hessen* des Hessischen Landesamtes für Umwelt und Geologie - *Achtung: Weblinks ohne Rückweg!*

[7] K. Sippel: *Der Kupferschieferbergbau im Richelsdorfer Gebirge. Führungsblatt zu spätmittelalterlichen Relikten bei Iba und Nentershausen, Kreis Hersfeld-Rotenburg.* (Archäologische Denkmäler in Hessen, Heft 134.) Landesamt für Denkmalpflege Hessen, Wiesbaden, 1999, ISBN 3-89822-134-2

[8] [M Röhring. Bergbau im Richelsdorfer Gebirge im 20.Jh. Hess. Forsch. z. gesch. Landes- und Volkskunde Band 33, Kassel 1998]

[9] vgl. M Röhring 1998)

[10] http://www.genesys-hannover.de/DE/Gemeinsames/Produkte/Downloads/Commodity__Top__News/Rohstoffwirtschaft/29__kupferschieferbergbau,templateId=raw,property=publicationFile.pdf/29_kupferschieferbergbau.pdf

Allgemeine Quellen

- Bundesamt für Naturschutz (BfN)
  - Kartendienste (http://www.bfn.de/0503_karten.html)
  - Landschaftssteckbrief: Fulda-Werra-Bergland (http://www.bfn.de/0311_landschaft.html?landschaftid=35701)

Weblinks

- Literatur über Richelsdorfer Gebirge (http://cbsopac.rz.uni-frankfurt.de/DB=2.4/REL?PPN=116506105) in der Hessischen Bibliographie
- Der Denser See (http://www.denserkirche.de/see1.htm) bei *www.denserkirche.de*

Koordinaten: 51° 0′ N, 9° 56′ O

Fulda_(Fluss)

Fulda Gersfelder Wasser (Oberlauf)		
Das Einzugsgebiet der Fulda (hervorgehoben)		
Daten		
Gewässerkennzahl	DE: 42	
Lage	Deutschland (Hessen, Niedersachsen)	
Flusssystem	Weser	
Abfluss über	Weser → Nordsee	
Quelle	An der Wasserkuppe 50° 29′ 31″ N, 9° 57′ 13″ O [1]	
Quellhöhe	850 m ü. NN	
Zusammenfluss	in Hann. Münden mit der Werra zur Weser Koordinaten: 51° 25′ 16″ N, 9° 38′ 52″ O [2] 51° 25′ 16″ N, 9° 38′ 52″ O [3]	
Mündungshöhe	116.5 m ü. NN	
Höhenunterschied	733.5 m	
Länge	220.7 km[1]	
Einzugsgebiet	6947 km²	
Abfluss	MNQ MQ MHQ	18,7 m³/s Mündung, Wert durch Talsperrenbetrieb beeinflusst 26,5 m³/s Grebenau 58,0 m³/s Guntershausen 66,9 m³/s Mündung[2] 406 m³/s Guntershausen, Wert durch Talsperrenbetrieb beeinflusst
Rechte Nebenflüsse	Haune, Nieste, Losse	

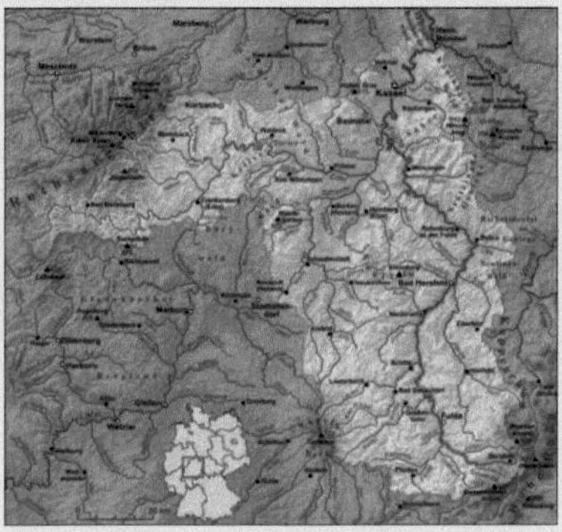

Linke Nebenflüsse	Lüder, Schlitz, Eder
Großstädte	Kassel
Mittelstädte	Bad Hersfeld, Fulda, Hann. Münden
Kleinstädte	Gersfeld, Schlitz, Bebra, Rotenburg an der Fulda, Melsungen
Schiffbar	109 km[3] ; Bundeswasserstraße ab km 0,0 bei Mecklar[4] , durchgehende Fahrgast- und Sportschifffahrt ab Kassel

Die Fulda bei Bad Hersfeld

Die **Fulda**, im Oberlauf auch **Gersfelder Wasser**[5] , ist der 220,7 km lange linke Quellfluss der Weser. Sie entspringt im hessischen Teil der Rhön an der Wasserkuppe und endet zwischen Kaufunger Wald und Reinhardswald in der Dreiflüssestadt Hann. Münden (Niedersachsen), wo sie sich mit der von rechts kommenden Werra zur Weser vereinigt.

Die 6.932 km² Einzugsgebiet entwässernde Fulda ist zwar der kürzere der beiden Weser-Quellflüsse, führt am Zusammenfluss aber etwas mehr Wasser. Davon entstammt wiederum etwa die Hälfte der Eder, die ihr erst im Unterlauf von links zufließt.

Die Fulda ist innerhalb Hessens der Fluss mit der größten Fließlänge.

Flusslauf

Quelle

südöstliche gefasste Fuldaquelle

Inschrift an der Quelle

Die beiden Quellen der Fulda, die auf rund 850 m ü. NN etwa 600 m bzw. 1.200 m südöstlich des Wasserkuppengipfels (950.2 m ü. NN) liegen, befinden sich zwischen Poppenhausen-Abtsroda und Gersfeld-Obernhausen.

Die Geo-Koordinaten der Fuldaquellen sind:

- Nordwestliche Fuldaquelle:
  50° 29′ 40″ N, 9° 56′ 42″ O [9]
- Südöstliche Fuldaquelle:
  50° 29′ 31″ N, 9° 57′ 12″ O [10]

Zu erreichen sind die Fulda-Quellen über die Landesstraße 3068, die bei Hilders-Dietges die B 458 kreuzt und als Teil des Hochrhön-Rings in Richtung Süden über Abtsroda vorbei an den Fuldaquellen nach Obernhausen zur B 284 führt.

Die im Bild gezeigte östliche, schön eingefasste Quelle ist nicht die wahre Fuldaquelle. Diese liegt wesentlich höher, nahezu unterhalb des Gipfels. Als man vor über 80 Jahren mit dessen Bebauung begann, fasste man sie ein und nutzte sie zur Trinkwasserversorgung der Gebäude. Den Überlauf leitete man mittels Rohrleitung an die Stelle, die jetzt als Fuldaquelle ausgegeben wird.

Auf der Tafel an der Wasserkuppe finden wir dieses Gedicht, das fast jedes Grundschulkind im Landkreis Fulda erlernt:

Hier halte Rast! Dich labt die Quelle
der Fulda, die mit klarer Welle
den Berggruß rauschend trägt einher,
sie wächst zur Werra hingezogen,
zum Deutschen Strom und senkt die Wogen
als Weser schiffbelebt ins Meer.

Oberlauf

Von der Wasserkuppe fließt die Fulda zuerst in südlicher Richtung vorbei am Feldberg nach Gersfeld und hat bis dorthin nach nur etwa 6 km Flusslänge schon 368 m Höhenunterschied überwunden. Von dort aus fließt sie einige Kilometer in westlicher Richtung nach Eichenzell, knickt dort nach Norden ab und erreicht danach auf 275 m ü. NN die Stadt Fulda.

Mittellauf

Linker Hand der Fulda liegt hier der Vogelsberg und rechter Hand die Kuppenrhön. Etwas weiter nördlich erreicht sie den kleinen Ort Lüdermünd (Stadtteil von Fulda), wo die Lüder einmündet, dann die Stadt Schlitz, wo ihr die Schlitz zufließt, danach den Ort Niederaula (Ortsteil Niederjossa), wo die Jossa einmündet und noch weiter nördlich Bad Hersfeld, wo ihr die Haune, der Geisbach und die Solz zufließen.

Nachdem die Fulda zwischen Knüllgebirge und Seulingswald durchgeflossen ist, mündet von links der Rohrbach. Danach erreicht die Fulda über Bebra und Rotenburg a.d. Fulda die Ortschaft Malsfeld, wo ihr die Beise zufließt. Bei

Obermelsungen mündet die Pfieffe, in Melsungen der Kehrenbach. Danach fließt ihr die Mülmisch leicht südlich von Körle zu.

Das **Fuldaknie** ist eine Biegung des Flusses in der Nähe der Stadt Bebra. Zwischen dem Knüllgebirge und dem Seulingswald in nordöstliche Richtung fließend, macht der Fluss vor dem Stölzinger Gebirge eine Biegung in nordwestliche Richtung.

Unterlauf

Nach Durchfließen zweier Flussschleifen bei Guxhagen mündet bei Grifte, einem Ortsteil von Edermünde, von Westen her kommend die Eder, der größte und die Fulda an Wasserführung sogar übertreffende Nebenfluss ein. Noch etwas weiter nördlich fließen in Kassel unter anderen Drusel (*Kleine Fulda*), Ahne, Wahle, Losse und Nieste ein.

Von Kassel fließt die Fulda abgesehen von einer Flussschleife als Grenzfluss zu Süd-Niedersachsen durch ein oftmals enges und recht stark gewundenes Durchbruchstal, in dem ihr bei Fuldatal-Simmershausen die Espe zufließt.

Über die Abflussmenge, gemessen an der niedersächsischen Landesgrenze, gibt der WRRL-Steckbrief des Oberflächenwasserkörpers Fulda/Wahnhausen Auskunft.[6]

Mündung

Rund 32 km unterhalb von Kassel bzw. weiter nordöstlich erreicht das Wasser der Fulda schließlich das in Südniedersachsen gelegene Hann. Münden, wo sie sich auf 116.5 m ü. NN mit der Werra zur Weser vereinigt.

Die Fulda in Kassel

Szene unterhalb von Kassel im Juli mit Mädesüß und Rohrglanzgras im Vordergrund

Breite Fulda unterhalb von Kassel im November

Landschaftsbild

Überblick: Die Fulda verläuft nahezu auf ihrer gesamten Strecke in dem mehr oder weniger tief von ihr ausgewaschenen Fuldatal, in dem sie sich hauptsächlich durch den Buntsandstein kämpft. Dieses Tal, zu dessen beiden Seiten zumeist ausgedehnte Wälder und teils hohe Berge aufragen, öffnet sich eigentlich nur im weitläufigen *Kasseler Talkessel.*

Oberlauf: In ihrem zumeist steil abfallenden Oberlauf beträgt die Talbreite teils nur wenige Meter bis hin zu 250 m und später bis zu 500 m. Bei Eichenzell bzw. Fulda weitet sich das Tal noch etwas, um sich danach wieder zwischen den Berghängen durchzuzwängen.

Mittellauf: Um Bad Hersfeld und Bebra ist das Tal maximal 1,3 km breit und bei Guxhagen wieder nur wenige Hundert Meter.

Unterlauf: Erst an der Einmündung der Eder, vor allem aber bei Kassel im Bereich der Karls- und Fuldaaue durchfließt die Fulda in ihrer Flussniederung eine bis zu 3 km breite Ebene. Nach dieser Großstadt zwängt sie sich bis Hann. Münden wieder durch ein enges Tal, das oft nur wenige hundert Meter breit ist.

Schifffahrtsweg

Personenschifffahrt auf der Fulda

|}

Schleuse in Rotenburg aus dem 16. Jahrhundert (außer Betrieb)

Landgraf Moritz von Hessen ließ die Fulda im Jahr 1601 und 1602 bis Hersfeld schiffbar machen (in Rotenburg existiert noch eine Schleuse aus dieser Zeit). Dazu ließ er im Vorfeld die „Fulda-Stromkarte" von Joist Moers anfertigen. In Melsungen lebten im Jahr 1805 noch fünfzig Schifferfamilien. Auf dem Bad Hersfelder Stadtfriedhof erinnert noch ein Grabstein einer Schifferfamilie an diese Zeit. Die Fuldaschifffahrt kam aber ab 1849 wieder zum Erliegen, als die Eisenbahnstrecke Kassel-Bebra gebaut wurde.

Die Fulda wurde ab 1890 durch den Bau von Staustufen reguliert; so entstanden zwischen Bebra und Kassel 5 sowie zwischen Kassel und Hann. Münden 8 Staustufen mit so genannten Nadelwehren, deren schlechte Bausubstanz und gefährliche Bedienungsweise seit den 1970er Jahren einer Erneuerung bedurfte. Ein paar Staustufen wurden völlig abgerissen und andere wurden restauriert oder komplett neu gebaut, so dass es heute im Fulda-Unterlauf ab Kassel nur noch 5 Staustufen gibt: Kassel, Wahnhausen, Wilhelmshausen, Bonaforth und Hann. Münden. Die höchste davon befindet sich unweit von Kassel - flussabwärts - bei Wahnhausen (bis 1980 erbaut): Sie weist 8,48 m Fallhöhe auf. Das zweifeldrige Walzenwehr in Kassel (1912) wurde von 1991 bis 1993 restauriert. Dadurch kann die Fulda von Kassel bis Hann. Münden als Schifffahrtsweg genutzt werden: Im Sommer verkehren dort einige Motorschiffe (Ausflugsverkehr), Ruder-, Paddel- und Sportboote.

32 km Flussstrecke vom Zusammenfluss mit der Werra bis oberhalb Kassel zählen zu den nicht klassifizierten Bundeswasserstraßen, die dem allgemeinen Verkehr dienen, die restlichen 77 km bis Mecklar sind eine sog. sonstige Binnenwasserstraße des Bundes[4]. Zuständig hierfür ist das Wasser- und Schifffahrtsamt Hann. Münden.

Anfang des 20. Jahrhunderts sollte die Fulda Teil eines gigantischen Kanalsystems werden. So wurde der Bau einer Wasserstraße von der Nord- bzw. Ostsee bis zum Schwarzen Meer (über Weser, Fulda, Kinzig, Main und Donau) geplant. Teilweise waren bis zu 8 km lange Tunnel zur Unterquerung der Mittelgebirgszüge vorgesehen. Bei Bergshausen (etwa 10 km südöstlich von Kassel) wurde sogar mit dem Bau einer Talsperre begonnen. Ende der 1920er Jahre wurden jegliche Arbeiten und Planungen eingestellt.

Geschichte

Namensherkunft

Die Herkunft des Namens Fulda ist noch ungeklärt. Es gibt dazu jedoch einige Vermutungen (siehe Fulda, Abschnitt Namensherkunft).

Die Kleine Fulda

Im Kasseler Stadtgebiet existiert noch heute die *Kleine Fulda*, der Unterlauf der Drusel. Der Name stammt aus der historischen Entwicklung der Karlsaue, als diese noch im Rahmen eines Binnendeltas zu beiden Seiten von der Fulda umflossen wurde. Der westliche Flussarm hieß *Kleine Fulda*. Mit der weiteren Entwicklung bzw. Gestaltung der Parkanlagen im Mittelalter wurde dieser Arm teilweise zugeschüttet und im ehemaligen Flussbett der *Kleinen Fulda* der *Küchengraben* angelegt, ein sehr langgestreckter, nach wie vor vorhandener Teich. Das nördliche Ende des Arms ist immer noch - kanalisiert - als Drusel-Unterlauf erhalten und trägt den Namen *Kleine Fulda*.

Der Weserstein

Am Zusammenfluss von Fulda und Werra, durch den in Hann. Münden die Weser entsteht, steht seit Ende Juli 1899 der Weserstein mit der Aufschrift:

Wo Werra sich und Fulda küssen
Sie ihre Namen büssen müssen,
Und hier entsteht durch diesen Kuss
Deutsch bis zum Meer der Weser Fluss.

Hann. Münden, d. 31. Juli 1899

Der Weserstein in Hann. Münden

Wasserführung

Mit einem Abfluss von etwa 67 m³/s im Jahresmittel kann die Fulda einen höheren Abfluss aufweisen als die Werra, die länger ist und noch im ersten Jahrtausend namentlich nicht von der Weser unterschieden wurde. Ähnlich wie bei der Aare, die erst nach der Aufnahme von Reuss und Limmat auf ihren letzten Flusskilometern mehr Wasser als der Rhein aufweisen kann, wächst auch die Fulda erst durch die kürzere, aber deutlich mehr Wasser führende Eder stark an, während sie auf dem größten Teil ihres Flusslaufes unter den Dimensionen der stetig anwachsenden Werra bleibt. Am Grebenauer Pegel, kurz oberhalb der Edermündung, beträgt der Abfluss im Jahresmittel 26,5 m³/s.

Der Betrieb der Edertalsperre dämpft die Hochwasser der Fulda. Ihre Zerstörung im Zweiten Weltkrieg sorgte jedoch auch für die mit Abstand größte Flut an der Fulda. Am Pegel Guntershausen wird der Abfluss am 17. Mai 1943 auf 2800 m³/s geschätzt. Die beiden nächstkleineren Werte von 980 (9. Februar 1946) und 968 m³/s (1. Januar 1926) liegen ebenfalls einige Dekaden zurück. Der vierthöchste Abflusswert wurde am 24. Januar 1995 erreicht mit 747 m³/s.

Nebenflüsse

Die wichtigsten Zuflüsse der Fulda sind:

(zur besseren Übersicht bzw. zur Sortierung flussabwärts sind in die DGKZ-Ziffern nach der Zahl „42", die für die *Fulda* steht, Bindestriche eingefügt)

Name	Lage	Länge [km]	Einzugsgebiet [km²]	Abfluss (MQ) [l/s]	Mündung auf Fulda-km	Mündungshöhe [m. ü. NN]	DGKZ
Schmalnau	links	10,7	29,413	474	17,6	348	42-12
Lütter	rechts	17,5	50,686	672	22,6	308	42-14
Fliede (*Rüppersbach*)	links	22,1	271,424	3.627	32,8	261	42-2
Giesel	links	7,2	42,596	295	34,9	253	42-32
Lüder	links	36,4	190,001	2.306	51,4	233	42-36
Rombach	rechts	9,1	22,052	135	63,3	220	42-38
Schlitz	links	43,3	314,572	3.715	65,7	218	42-4
Schwarzbach	rechts	10,0	25,528	142	74,0	212	42-52
Jossa	links	22,9	122,004	780	77,8	210	42-54
Aula	links	22,6	124,787	919	83,7	206	42-56
Geisbach	links	22,1	76,227	576	100,3	198	42-596
Haune	rechts	66,5	498,965	4.113	100,5	198	42-6

Solz	rechts	21,4	91,517	682	103,5	196	42-712
Rohrbach	links	18,0	73,9	487	108,1	193	42-714
Ulfe	rechts	10,6	71,542	552	116,3	186	42-72
Solz	rechts	10,2	20,016	158	118,3	186	42-732
Bebra	rechts	10,0	18,197	113	119,8	186	42-734
Haselbach	rechts	11,9	31,537	221	121,7	185	42-74
Gude	rechts	9,4	19,113	140	128,6	182	42-752
Beise	links	20,9	63,204	447	145,1	180	42-76
Pfieffe	rechts	21,5	117,082	1.235	150,8	173	42-78
Kehrenbach	rechts	12,1	36,228	359	154,1	167	42-792
Mülmisch	rechts	13,8	35,554	372	160,5	160	42-794
Eder	links	176,1	3.360,966	34.791	175,3	143	42-8
Bauna	links	17,2	47,37	334	178,3	142	42-92
Grunnelbach	links	9,2	24,143	150	188,9	137	42-94
Drusel* (bzw. "Kleine Fulda")	links	11,4	11,042	96	192,4	136	42-952
Wahlebach	rechts	16,6	37,944	354	193,5	136	42-954
Ahne*	links	21,5	41,332	296	193,4	136	42-958
Losse	rechts	28,9	120,576	1.418	195,4	135	42-96
Nieste	rechts	21,8	88,131	921	195,8	135	42-98
Espe	links	8,6	24,313	160	203,6	132	42-992
Osterbach	links	7,3	18,199	146	210,8	125	42-994

**: Einzugsgebiet und Abfluss etwas größer als die Angabe in der Tabelle, da die Unterläufe mit Fulda-Abschnitten zusammengefasst werden!*

Insbesondere geht aus der Tabelle hervor, dass die Eder beim Zusammenfließen mit der Fulda mit 176.1 km gegenüber 175,3 km knapp länger ist als diese. Da überdies das Einzugsgebiet der Eder mit 3360,966 km² die 2996,704 km²[1] , die die Fulda vor dem Zusammenfließen umfasst, übersteigt und auch die Abflussmenge der Eder bis dort größer ist (MQ: 34.791 l/s gegenüber 27.018 l/s[1]), müsste man die historisch als "Nebenfluss" aufgefasste Eder also mindestens als gleichberechtigten Hauptfluss des Fulda-Systems ansehen.

Ortschaften

flussabwärts sortiert

- Gersfeld-Obernhausen
- Gersfeld
- Ebersburg-Schmalnau
- Ebersburg-Ried
- Eichenzell
- Fulda-Bronzell
- Fulda-Kohlhaus
- Fulda
- Fulda-Neuenberg
- Fulda-Horas

- Fulda-Gläserzell
- Fulda-Kämmerzell
- Fulda-Lüdermünd
- Schlitz
- Niederaula
- Kerspenhausen
- Bad Hersfeld
- Mecklar (Gemeindegemarkungsgrenze zu Bebra-Blankenheim, ab hier Bundeswasserstraße = Flusskilometer 0)
- Blankenheim (km 2,0)
- Breitenbach (km 5,8)
- Bebra (km 7,0)
- Lispenhausen (km 10,0)
- Rotenburg a.d. Fulda (km 12,0) mit Staustufe, Flusskraftwerk und historische Schleuse
- Braach (km 15,0)
- Baumbach (km 18,0)
- Niederellenbach (km 21,5)
- Konnefeld (km 24,0)
- Morschen (km 26,8)
- Binsförth (km 30,0)
- Beiseförth (km 34,0)
- Malsfeld (km 36,5)

Die Fulda zwischen Lispenhausen und Rotenburg

- Melsungen (km 42,0)
- Schwarzenberg (km 45,0)
- Röhrenfurth (km 46,6)
- Lobenhausen (km 50,0)
- Körle (km 51,0)
- Wagenfurth (km 52,0)
- Grebenau (km 54,0)
- Büchenwerra (km 58,4)
- Guxhagen (km 61,0)
- Guntershausen (km 66,0)
- Fuldabrück (km 69,0)
- Bergshausen (km 74,0)
- **Kassel** (km 81,0) mit Hafen, Wehr und Schleuse
- Spiekershausen (km 88,5)
- Wahnhausen (km 94,7) mit Staustufe, Flusskraftwerk und Schleuse
- Speele (km 97,5)
- Wilhelmshausen (km 101,2) mit Staustufe und Schleuse
- Bonaforth (km 105,3) mit Staustufe und Schleuse
- Hann. Münden (km 108,2) mit Hafen, Wehr, Flusskraftwerk und Schleuse
- Weserstein (km 108,7)

Blick auf das Fulda-Tal vom Viadukt der Eisenbahnstrecke Bebra–Kassel bei Baunatal-Guntershausen (Sept. 2006)

Einzelnachweise

[1] WRRL Hessen (http://geoextra.hmulv.hessen.de/wrrl_viewer/viewer.htm)

[2] (http://geoextra.hmulv.hessen.de/wrrl_viewer/ergebnis_massnahmenprogramm_ow.php?MS_CD_RW=DEHE_42.1)

[3] Längen (in km) der Hauptschifffahrtswege (Hauptstrecken und bestimmte Nebenstrecken) der Binnenwasserstraßen des Bundes (http://www.wsv.de/wasserstrassen/gliederung_bundeswasserstrassen/index.html), Wasser- und Schifffahrtsverwaltung des Bundes

[4] Verzeichnis E, Lfd.Nr. 17 und Verz. F der Chronik (http://www.wsv.de/wasserstrassen/chronik/index.html), Wasser- und Schifffahrtsverwaltung des Bundes

[5] Edward Schröder: *Bachnamen und Siedlungsnamen in ihrem Verhältnis zu einander.* In: *Nachrichten von der Gesellschaft der Wissenschaften zu Göttingen.* Neue Folge • Band III • Nr.1, Vandenhoeck & Rupprecht, Göttingen 1940, S. 15, DNB 253D118761838 (http://d-nb.info/253D118761838).

[6] Wasserkörper: Fulda/Wahnhausen (DEHE_42.1) (http://geoextra.hmulv.hessen.de/wrrl_viewer/ergebnis_massnahmenprogramm_ow.php?MS_CD_RW=DEHE_42.1)

Literatur

- M. Eckoldt (Hrsg.), Flüsse und Kanäle, Die Geschichte der deutschen Wasserstraßen, DSV-Verlag 1998

Weblinks

- Rundflug um die Auenlandschaft bei Fulda (http://www.osthessen-news.de/Luftbilder/Luftvideo_897_Fuldaaue.wmv) Videoclip (10 MB, 1:20 min) von http://www.osthessen-news.de (http://www.osthessen-news.de/Luftbilder/Luftbild_897.htm)
- Artikel über die Geschichte der Fuldaschifffahrt aus dem Beiblatt "Mein Heimatland" der [[Hersfelder Zeitung (http://hersfelder-zeitung.de/heimatland/40_9.htm)]]
- Wasser- und Windmühlen im Landkreis Kassel sowie im niedersächsischen Landkreis Göttingen, Altkreis Münden, zwischen Werra, Fulda und Nieste (http://www.rp-kassel.de/static/themen/umwelt/muehlen/lk_kassel_windmuehlen.pdf), S. 25 ff
- Pegel (http://www.hlug.de/wiskiwebpublic/static/stat_150274.htm?entryparakey=W) des HLUG bei Bad Hersfeld
- Pegel (http://www.hlug.de/wiskiwebpublic/static/stat_144128.htm?entryparakey=W) des HLUG bei Kämmerzell
- Pegel (http://www.hlug.de/wiskiwebpublic/static/stat_379954.htm?entryparakey=W) des HLUG bei Bronzell
- Pegel (http://www.hlug.de/wiskiwebpublic/static/stat_142372.htm?entryparakey=W) des HLUG bei Hettenhausen
- Pegel (http://www.hlug.de/wiskiwebpublic/static/stat_146325.htm?entryparakey=W) des HLUG bei Unter-Schwarz

Bundesstraße_27

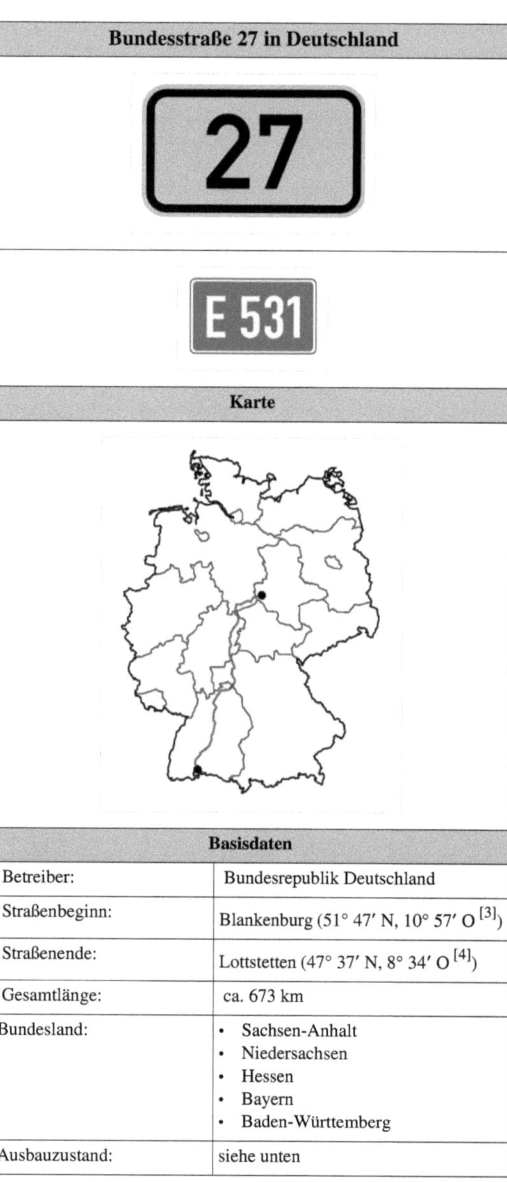

Bundesstraße 27 in Deutschland	
27	
E 531	
Karte	
Basisdaten	
Betreiber:	Bundesrepublik Deutschland
Straßenbeginn:	Blankenburg (51° 47′ N, 10° 57′ O [3])
Straßenende:	Lottstetten (47° 37′ N, 8° 34′ O [4])
Gesamtlänge:	ca. 673 km
Bundesland:	• Sachsen-Anhalt • Niedersachsen • Hessen • Bayern • Baden-Württemberg
Ausbauzustand:	siehe unten

Bundesstraße 27 bei Stuttgart-Sonnenberg

Die **Bundesstraße 27** (Abkürzung: B 27) führt von Blankenburg im Harz über Göttingen, Fulda, Würzburg, Tauberbischofsheim, Mosbach, Heilbronn, Stuttgart, Tübingen und Villingen-Schwenningen bis zur Schweizer Grenze bei Neuhaus am Randen. Die B 27 ist zwischen der Anschlussstelle Villingen-Süd und dem Dreieck Donaueschingen (A 864) ein Teilstück der Europastraße 531 Offenburg - Bad Dürrheim.

Die Gesamtlänge der B 27 beträgt 673 km, wovon 362 km auf den ersten Abschnitt zwischen Blankenburg und Würzburg, 303 km auf den zweiten Teil zwischen Tauberbischofsheim und der Schweizer Grenze bei Neuhaus am Randen und 8 km auf den letzten Abschnitt im sogenannten „Jestetter Zipfel" zwischen Altenburg und Lottstetten entfallen. Der durch die Bundesautobahn 81 ersetzte Teil der B 27 zwischen Würzburg und Tauberbischofsheim beträgt 21 km. Alle Entfernungsangaben sind Näherungswerte.

Geschichte

Die Bundesstraße 27 geht auf die 1932 eingeführte *Fernverkehrsstraße 27*, in der NS-Zeit in *Reichsstraße 27* umbenannt, zurück.[3] Diese verknüpfte Teilstrecken mit völlig unterschiedlicher Entstehungsgeschichte.

Blankenburg–Göttingen

Mahnmal zur deutschen Teilung und Wiedervereinigung an der ehemaligen innerdeutschen Grenze

Der nördlichste Streckenabschnitt zwischen Blankenburg und Göttingen ist zugleich der jüngste. Während das Teilstück zwischen Blankenburg und Elbingerode (die *Elbingeröder Straße*) bereits 1837 eröffnet wurde, konnte der letzte Streckenabschnitt zwischen Elbingerode und Bad Lauterberg im Harz erst in den 1860er Jahren vollendet werden. Zwischen Elend und Braunlage war die B 27 durch die innerdeutsche Grenze bis 1989 geteilt. Nach der Grenzöffnung befand sich an der B 27 eine Kontrollstelle, der Übergang war zunächst nur für Fußgänger geöffnet.

Inzwischen ist durch eine Betonbrücke die Bremke als einstiger Grenzverlauf überwunden worden und die B 27 für den Straßenverkehr geöffnet.

Der „Abtsweg“ (Fulda–Hammelburg)

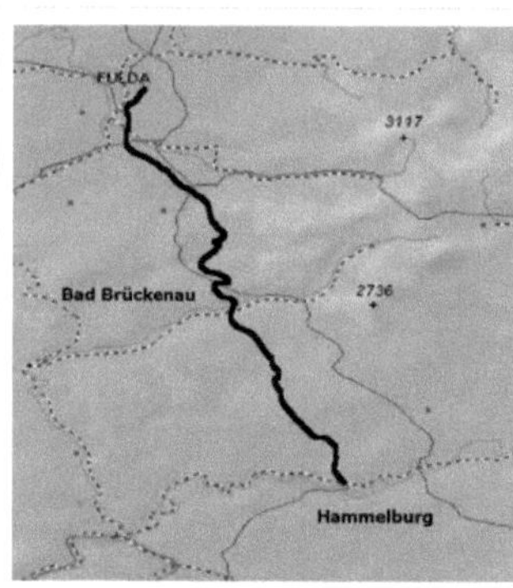

Der „Abtsweg“ von Fulda nach Hammelburg wurde zwischen 1779 und 1785 erbaut

Die Landstraße zwischen Fulda und Hammelburg wurde zwischen 1779 und 1785 auf Anweisung des Fuldaer Fürstabts Heinrich von Bibra als zweite Straße seines Landes zu einer Chaussee ausgebaut. Sie galt damals wegen ihrer Breite als sensationell und wurde von vielen Fuhrleuten als technische Meisterleistung gerühmt. Dennoch wurde ein Teilstück dieser Straße bei Motten zwischen 1898 und 1902 durch eine kurvenreiche, aber steigungsarme Neubaustrecke ersetzt.

Würzburg–Stuttgart

Die ehemalige *Badische Staatsstraße Nr. 4* führte von Würzburg aus über Mosbach nach Wiesenbach und mündete dort in die Badische Staatsstraße Nr. 3 nach Heidelberg.

Die Landstraße von Würzburg nach Tauberbischofsheim wurde 1755 zur Kunststraße ausgebaut. Deren Weiterbau über Walldürn nach Buchen konnte erst von 1806 bis 1909 unter badischer Oberhoheit erfolgen.

Die ehemalige *Württembergische Staatsstraße Nr. 1* führte von Heilbronn nach Stuttgart und wurde um 1772 zu einer befestigten Kunststraße (Chaussee) ausgebaut. Ihr südlicher Streckenabschnitt zwischen den württembergischen Residenzstädten Ludwigsburg und Stuttgart wurde bereits 1737 als erste württembergische Straße zu einer Chaussee ausgebaut.

„Schweizer Straße“

B 27 bei Tübingen-Lustnau

Der südlichste Streckenabschnitt zwischen Stuttgart und Schaffhausen war als *Schweizer Straße* eine der Hauptverkehrsadern Württembergs und wurde deshalb bereits im 18. Jahrhundert zur Chaussee ausgebaut. Die ausgebaute Chaussee führte im Jahre 1777 von Cannstatt über Stuttgart, Tübingen, Hechingen und Balingen bis Dotternhausen. Zwischen 1841 und 1845 wurde die Streckenführung zwischen Dettenhausen und Lustnau verlegt: Anstelle der alten Direktverbindung wurde eine weniger steile Streckenführung über Bebenhausen gewählt. In den Jahren 1927 und 1928 wurde die alte Steinstraße asphaltiert, Reste des alten Kopfsteinpflasters sind zum Beispiel nördlich von Bebenhausen als Parkbuchten erhalten. 1938 wurde die Tübinger Umgehungsstraße fertiggestellt.

Jüngere Entwicklung

Zwischen 1979 und 1994 wurde in drei Abschnitten (1979 von Echterdingen bis Filderstadt, 1984 von Filderstadt bis Kirchentellinsfurt, 1994 von Kirchentellinsfurt bis Tübingen) die autobahnartig ausgebaute neue B 27 fertiggestellt, die in den 1970er Jahren zunächst als A 83 geplant worden war und in den 1980er Jahren zeitweilig auch als solche bezeichnet wurde. Zeitweise wurde diese Straße im Unterschied zu der durch den Schönbuch verlaufenden alten B 27 als „B 27 neu“ oder „B 27 n“ bezeichnet. Seit der kompletten Fertigstellung der vierstreifigen B 27 zwischen Stuttgart und Tübingen hat die alte B 27 keinen Bundesstraßenstatus mehr, wird aber auch heute noch – selbst im Verkehrsfunk – als „alte B 27“ bezeichnet. Auf dem Abschnitt zwischen Degerloch und Aichtal sind seit Mitte 1995 Wechselverkehrszeichen in Betrieb.

B 27 auf dem Stuttgarter Pragsattel

Nachdem die Lkw-Maut am 1. Januar 2005 eingeführt wurde, stieg wie auf vielen anderen Bundesstraßen der Schwerlastverkehr sprunghaft an. Da der Streckenverlauf von Göttingen bis Würzburg parallel der Bundesautobahn 7 verläuft und die B 27 seit langem als Ausweichroute gilt, ist auf diesem Abschnitt die Verkehrslast deutlich angestiegen. Aufgrund von überschrittenen EU-Grenzwerten zur Lärmbelastung hat das Hessische Verkehrsministerium im August 2005 die Strecke von der Anschlussstelle Friedland (A 38) bis zur Anschlussstelle Fulda-Nord (A 7) für den Lkw-Durchgangsverkehr ganztägig gesperrt, sodass ein Ausweichen von der A 7 auf die B 27 nicht mehr erlaubt ist.

Am 4. November 2006 wurden die ersten beiden, insgesamt 3,7 Kilometer langen Abschnitte des Ausbaus zwischen Tübingen und Dußlingen freigegeben, im Mai 2007 war der Spatenstich zum dritten Abschnitt. Dieser wird einen 500 Meter langen Tunnel durch Dußlingen und den Ausbau bis zum Umspannwerk Nehren beinhalten. Der weitere Ausbau (Schindhautunnel, Umfahrung von Ofterdingen und Bad Sebastiansweiler) ist derzeit aufgrund von Finanzierungs- und Planungsschwierigkeiten noch ungewiss.

Seit 2008 werden nach langer Wartezeit die Ortsumfahrungen im Hauneck zwischen der Anschlussstelle Bad Hersfeld (A 4) und Hauneck-Sieglos realisiert. Die etwa 6 km lange Trasse ist der letzte Abschnitt des seit Ende der 70er Jahre durchgeführten Umbaus der alten B 27 zwischen der Anschlussstelle Fulda-Nord (A 7) und der A 4 durch das Haunetal.

Sonstiges

Ersetzungen

Der Abschnitt Würzburg/Kist–Gerchsheim–Tauberbischofsheim ist durch die A 81 ersetzt.

Der Abschnitt zwischen Bargen und Neuhausen am Rheinfall verläuft auf Schweizer Staatsgebiet und ist die Hauptstrasse 4 im Schweizer Straßennetz und gehört somit nicht zur B 27.

Ausbauzustand

Die B 27 ist auf mehreren Abschnitten autobahnähnlich ausgebaut:

- zwischen Bad Lauterberg und Herzberg
- rund um Fulda
- zwischen Veitshöchheim und Würzburg
- zwischen dem „Mosbacher Kreuz“ und Mosbach sowie in Teilen der Ortsdurchfahrt Mosbach
- zwischen Neckarsulm und Heilbronn
- zwischen Bietigheim-Bissingen und der Autobahnausfahrt Ludwigsburg-Nord
- zwischen Ludwigsburg und Stuttgart-Zuffenhausen
- zwischen Stuttgart-Degerloch und Tübingen
- zwischen Tübingen-Derendingen und Dußlingen
- zwischen Bodelshausen und Balingen
- zwischen Neukirch und Rottweil
- zwischen Rottweil und Villingen-Schwenningen
- zwischen Bad Dürrheim und Donaueschingen

Planungen und Ausbau

Sachsen-Anhalt

- Teil-Ortsumgehung von Hüttenrode, 2,2 km (Vordringlicher Bedarf, in Planung)

Niedersachsen

- Verlegung in Bad Lauterberg-Scharzfeld, 2,6 km (Vordringlicher Bedarf, fertiggestellt)
- Ortsumgehung Gieboldehausen, 1,7 km (Weiterer Bedarf)
- Ortsumgehung Waake, 2,5 km (Weiterer Bedarf, in Bau seit 2010)
- Ortsumgehung Bad Lauterberg, 5,4 km (Weiterer Bedarf)

Hessen

- Ortsumgehung Ludwigsau/Friedlos, 3,8 km (Vordringlicher Bedarf, in Planung)
- Ortsumgehung Neu-Eichenberg / Hebenshausen, 1,2 km (Vordringlicher Bedarf, in Planung)
- Ortsumgehung Hauneck, 4,7 km (Vordringlicher Bedarf, in Bau)
- Ortsumgehung Eschwege/Eltmannshausen und Eschwege/Niddawitzhausen, 4,2 km (Weiterer Bedarf)
- Ortsumgehung Ludwigsau/Mecklar, 0,8 km (Weiterer Bedarf)
- Ortsumgehung Eichenzell/Rothemann, 2,5 km, (Weiterer Bedarf)
- Ortsumgehung Eichenzell/Döllbach, 2,2 km (Weiterer Bedarf)

Bayern

- Verlegung und vierstreifiger Ausbau bei Höchberg (2. Bauabschnitt), 1,3 km (Vordringlicher Bedarf, fertiggestellt)

Baden-Württemberg

- vierstreifiger Neubau bei Tübingen-Bläsibad (Langer Schindhaubasistunnel), 3,5 km (Vordringlicher Bedarf, in Planung)
- vierstreifigerAusbau zwischen Tübingen-Bläsibad und Nehren, 7,0 km (Vordringlicher Bedarf, in Bau)
- vierstreifiger Neubau zwischen Nehren und Bodelshausen, 6,9 km (Vordringlicher Bedarf, in Planung)
- vierstreifiger Ausbau zwischen Donaueschingen und Hüfingen 5,4 km (Vordringlicher Bedarf, in Planung)
- Ortsumgehung Behla, 1,9 km (Vordringlicher Bedarf, Planfeststellungsbeschluss erlassen)
- Ortsumgehung Zollhaus 1,0 km (Vordringlicher Bedarf)
- Ortsumgehung Randen, 1,5 km (Vordringlicher Bedarf)
- Ortsumgehung Jestetten, 3,9 km (Vordringlicher Bedarf)
- Ortsumgehung Offenau, 3,8 km (Weiterer Bedarf)
- vierstreifiger Ausbau zwischen Bad Friedrichshall und der A6, 4,3 km (Weiterer Bedarf)
- zweistreifiger Neubau zwischen Balingen und Dotternhausen, 6,0 km (Weiterer Bedarf)
- Ortsumgehung Neukirch, 1,1 km (Weiterer Bedarf)
- Ortsumgehung Schömberg, 3,8 km (Weiterer Bedarf)
- sechsstreifiger Ausbau zwischen Anschlussstelle Aich und Anschlussstelle Leinfelden-Echterdingen, 8,2 km (Weiterer Bedarf)
- Ortsumgehung Neckarburken, 1,5 km (Weiterer Bedarf)
- Ortsdurchfahrt Jagstfeld, 1,0 km (Weiterer Bedarf)
- Ortsumgehung Hardheim, 2,1 km (Weiterer Bedarf)

Beachtenswerte Bauwerke

- Aichtalbrücke im vierstreifigen Abschnitt zwischen Stuttgart und Tübingen

Siehe auch

- Liste der Europastraßen
- Liste der Bundesstraßen in Deutschland
- Liste autobahnähnlicher Straßen

Weblinks

- Unsere B 27 [6] – Projekt der IHK zur Beschleunigung des Ausbaus

Einzelnachweise

[1] ehemals
[2] ehemals Dreieck Göttingen Nord
[3] Henk Brouwer: *Reichsstraßen 1934.* (http://home.arcor.de/carsten.wasow/reichsstrasse/reichsstrassen-1934.htm#20) In: *Die Bundes- und ehemaligen Reichsstraßen in Deutschland.* Carsten Wasow, abgerufen am 11. Dezember 2011 (Private Webseite).

Bahnstrecke_Göttingen–Bebra

WARNING: Article could not be rendered - ouputting plain text.
Potential causes of the problem are: (a) a bug in the pdf-writer software (b) problematic Mediawiki markup (c) table is too wide

Göttingen–Bebra Liste der deutschen KursbuchstreckenKursbuchstrecke (DB):540.1, 611, 613Streckenlänge:80,5 kmSpurweite (Bahn)Spurweite:1435 mm (Normalspur) Streckenklasse:D4Stromsystem:15 kV 16,7 Hz Wechselspannung~MehrgleisigkeitZweigleisigkeit:(durchgehend)Land (Deutschland)Bundesländer (D):Niedersachsen, HessenBetriebsstellen und StreckenEisenbahnatlas Deutschland 2007/2008. 6 Auflage. Schweers+Wall, Aachen 2007, ISBN 978-3-89494-136-9.Strecke – geradeausHannöversche SüdbahnHannöversche Südbahn von HannoverAbzweig – in Gegenrichtung: nach linksBahnstrecke Göttingen-BodenfeldeStrecke von BodenfeldeAbzweig – in Gegenrichtung: nach links und rechtsSchnellfahrstrecke Hannover-WürzburgSFS von HannoverBahnhof, Station 247,1 Bahnhof GöttingenGöttingen PbfBrücke über Wasserlauf (groß)Leine (Aller)LeineAbzweig – in Fahrtrichtung: nach linksnach Abzw Grone u. Abzw Siekweg (SFS)Planfreie Kreuzung – untennach Göttingen GbfAbzweig – in Gegenrichtung: nach links 244,9 Abzw Grone von Göttingen GbfBahnhof ohne Personenverkehr 242,4 Rosdorf (ehem. PersonenbahnhofPbf))Bahnhof ohne Personenverkehr 238,0 Obernjesa (bis Mai 1990 PersonenbahnhofPbf)Bahnhof, Station 233,4 Friedland (Niedersachsen)Friedland (Han)StraßenbrückeBundesautobahn 38A 38Blockstelle, Awanst, Anst etc. 228,4 Eichenberg Nordkopf (AbzweigstelleAbzw)Abzweig – in Fahrtrichtung: nach linksEichenberger KurveAbzweig – in Gegenrichtung: nach rechtsHalle-Kasseler EisenbahnHalle-Kasseler Eisenbahn von NordhausenBahnhof, Station 227,3 Neu-EichenbergEichenbergAbzweig – in Fahrtrichtung: nach links und rechtszur Halle-Kasseler EisenbahnHalle-Kasseler EisenbahnPlanfreie Kreuzung – obenHalle-Kasseler EisenbahnKassel–Halle, GelstertalbahnTunnelBebenroth-Tunnel (930 m)Brücke über Wasserlauf (groß)WerraTunnelSchürzeberg-Tunnel (173 m)Bahnhof ohne Personenverkehr 218,3 Oberrieden (Bad Sooden-Allendorf)OberriedenBahnhof, Station 212,5

Bad Sooden-AllendorfAbzweig – in Fahrtrichtung: nach linksnach Eschwege Stadt (seit 2009)Abzweig – in Gegenrichtung: nach rechtsvon Eschwege Stadt (–Leinefelde)Bahnhof ohne Personenverkehr 201,6 Eschwege West (Keilbahnhof, bis 2009 PersonenbahnhofPbf)Haltepunkt, Haltestelle 197,1 Wehretal-Reichensachsen (wieder seit 2003)Brücke über Wasserlauf (mittel)WehreBahnhof ohne Personenverkehr 193,7 Hoheneiche (ehem. PersonenbahnhofPbf)Brücke über Wasserlauf (mittel)SontraBahnhof, Station 186,7 SontraAbzweig – in Fahrtrichtung: nach linkszum Gewerbegebiet SontraBrücke über Wasserlauf (mittel)Sontra (Fluss)SontraBahnhof ohne Personenverkehr 178,8 Cornberg (ehem. PersonenbahnhofPbf)TunnelCornberger Tunnel (719 m)A/D: Überleitstelle, CH: Spurwechsel 177,4 ÜberleitstelleÜst Bebra Tunnel Braunhäuser Tunnel (293 m, bis 1963)Planfreie Kreuzung – obenBahnstrecke Kassel–BebraFriedrich-Wilhelms-NordbahnAbzweig – in Fahrtrichtung: nach rechts 167,4 nach Bebra Rbf Abzweig – in Gegenrichtung: nach rechtsBahnstrecke Kassel–BebraFriedrich-Wilhelms-Nordbahn von KasselBahnhof, Station 166,6 Bahnhof BebraBebra Pbf (Inselbahnhof)Abzweig – in Fahrtrichtung: nach linksThüringer BahnThüringer Bahn von LeipzigStrecke – geradeausBahnstrecke Bebra–FuldaFrankfurt-Bebraer Bahn nach Fulda |} Die Bahnstrecke Göttingen–Bebra ist eine in Nord-Süd-Richtung verlaufende Haupt- und NebenbahnstreckeEisenbahnhauptstrecke, die überwiegend dem Durchgangsverkehr dient. Sie ist Bestandteil der alten Nord-Süd-Strecke und wurde bis 1991 von Intercityzügen befahren. Heute dient sie hauptsächlich dem Güterverkehr, daneben auch dem Regional- und Nachtzugverkehr.Geschichte Ein Triebwagen der Cantus hält in FriedlandBis 1945 Der Abschnitt von Göttingen bis Friedland (Niedersachsen)Friedland (Han) wurde 1867 als Teil einer Verbindungsstrecke nach Arenshausen an der Halle-Kasseler Eisenbahn eröffnet. Nach der Annexion von Königreich HannoverHannover und Kurfürstentum HessenKurhessen wollte die Preußische Staatsbahn die hannöversche Südbahn und die Frankfurt-Bebraer Eisenbahn direkt verbinden. Zusammen mit der gleichzeitig geplanten Bahnstrecke Flieden–GemündenBahnstrecke Elm–Gemünden sollte eine Nord-Süd-Achse entstehen. Zudem sollte die ebenfalls geplante, militärisch bedeutsame Kanonenbahn Anschlüsse nach Norden (Hannover–Göttingen) und Süden (Bebra–Hanau) erhalten. Als Anschluss im Norden waren auch Arenshausen und Witzenhausen in der Diskussion, man einigte sich aber auf Friedland und eine Verknüpfung mit der Halle-Kasseler Eisenbahn in Neu-EichenbergEichenberg.1875 wurde Bebra (Hessen)Bebra–Niederhone (heute EschwegeEschwege West)–Eschwege Stadt (an der späteren Kanonenbahn) eröffnet. Ein Jahr später folgte Niederhone–Eichenberg–Friedland. Um die Wasserscheiden zwischen Fulda (Fluss)Fulda und Werra bei Cornberg und zwischen Werra und Leine (Aller)Leine bei Eichenberg zu überwinden, waren erhebliche Steigungen und vier Tunnel notwendig, die Strecke wurde kurvenreich.Die Direktverbindung Friedland–Arenshausen wurde bereits 1884 aufgegeben, es genügten die Verbindungen über Eichenberg. 1908 bis 1910 wurden die Bahnanlagen in Göttingen umgestaltet, die Gleise wurden hochgelegt, ein heute stillgelegter Rangierbahnhof erbaut und die Bahnstrecke Göttingen–Bodenfelde angeschlossen. Dabei erhielt auch die Bahn nach Bebra eine neue Trasse von Göttingen bis Rosdorf westlich des Leinebergs. Die alte Strecke verlief nahezu geradeaus vom Bahnhof GöttingenGöttinger Bahnhof (Abzweig von der Dransfelder Rampe am Bahnübergang Groner Landstraße) nach Rosdorf, daher auch die „Eisenbahnstraße“ im Leineviertel. Der Verkehr entwickelte sich bis 1945 gut, aber nicht überragend. 1939 fuhren hier vier D-Zug-Paare, die benachbarte Main-Weser-Bahn Kassel–Frankfurt am Main brachte es auf zwölf. Whisky-Wodka-Linie Seit 1866 waren Landesgrenzen in dieser Region unbedeutend. Das änderte sich 1945 mit der Aufteilung Deutschlands in Besatzungszonen. Etwas östlich des Bahnhofes Eichenberg grenzten die Britische Besatzungszonebritische, Amerikanische Besatzungszoneamerikanische und Sowjetische Besatzungszonesowjetische Besatzungszone aneinander. Auch diese Bahnstrecke wurde geteilt. Göttingen–Friedland war britisch, Eichenberg und Oberrieden–Bebra amerikanisch, etwa vier Kilometer um Werleshausen sowjetisch. Um diese Lage zu entspannen, wurde 1945 im Wanfrieder Abkommen ein Gebietsaustausch vereinbart: „Zum Abschluss der erfolgreichen Abmachung welches das Schicksal der sieben in Frage gestellten Dörfer besiegelte, beschenkten sich General Sexton und General Askalepov, gegenseitig mit einer Flasche Whisky und Wodka. Es war diese Begebenheit des Geschenkaustausches von Whisky und Wodka, welche bis zum heutigen Tage die neu errichtete Grenze zwischen den Besatzungszonen, die Whisky–Wodka–Linie, benannte. The Whisky-Vodka-Line.“Durch den neuen, spöttisch „Whisky-Wodka-Linie“ genannten Grenzverlauf lag die Strecke durchgehend im Bereich der Westalliierten und somit komplett auf dem Gebiet der späteren Bundesrepublik. Von Eichenberg bis Bad Sooden-Allendorf lag sie allerdings in Sichtweite der östlichen Wachttürme. Alle von Eichenberg (Halle-Kasseler Eisenbahn) und Eschwege Stadt (Kanonenbahn, mehrere Nebenbahnen) nach Osten führende Strecken fielen der Grenze zum Opfer. Bis 1990 Durch den „Eisernen Vorhang" waren die östlichen Parallelverbindungen, insbesondere Skandinavien–Rostock, Hamburg–Halle und Leipzig–Saalebahn–Nürnberg, nicht mehr benutzbar. Die östlichste Nord-Süd-Strecke der Bundesrepublik wurde zur „Westumfahrung der DDR". Hinzu kam ein starkes allgemeines Verkehrswachstum. Damit stieg die Nord-Süd-Strecke zu einer der wichtigsten Verbindungen auf. Im Sommer 1989 fuhren zwischen Göttingen und Bebra 37 Fernzüge pro Tag und Richtung. Um den Verkehr beherrschen zu können, wurde die Strecke ausgebaut. Schon in den 1950er Jahren wurden leistungsfähigere Stellwerke errichtet, die an den Steigungen vor Cornberg und Eichenberg Gleiswechselbetrieb ermöglichten. Die Inbetriebnahme des einseitigen Gleiswechselbetriebes von Bebra nach Cornberg erfolgte am 17. Oktober 1951. Bis 1963 wurde die Strecke elektrifiziert. Um Platz für die Oberleitung zu schaffen, wurde der Braunhäuser Tunnel nach oben geöffnet, in den anderen Tunneln wurden die Gleise tiefer gelegt. Viele kleinere Bahnhöfe wurden aufgegeben, damit die haltenden Nahverkehrszüge nicht die Intercitys behindern. Dies traf noch 1989 Obernjesa. Darüber hinaus wurden mit Ausnahme der Hauptstrecke Eichenberg–Kassel alle abzweigenden Strecken im Personenverkehr aufgegeben. Ab 1990 Bereits seit den 1960er Jahren wurde klar, dass die gesamte Nord-Süd-Strecke zu überlastet und zu langsam für attraktiven Fernverkehr ist. Bei Eichenberg lassen die Kurven nur 90 km/h zu, bei Bebra nur 70 km/h. Dies führte zur Planung und zum Bau der Schnellfahrstrecke Hannover–Würzburg, die 1991 den schnellen Fernverkehr übernahm. Auf der alten Route blieben die Güterzüge, der Nachtzugverkehr und der Regionalverkehr. 1990 wurde die Halle-Kasseler Eisenbahn bei Eichenberg wiedereröffnet, in diesem Zusammenhang wurden der Bahnhof Eichenberg umgebaut, um hier Fernzüge zwecks Grenzkontrolle abfertigen zu können. Der Lauf der Geschichte (Deutsche Einheit) überholte diese Maßnahme aber, so dass der Bahnhof nur fünf Wochen zur Grenzabfertigung genutzt wurde und der Bahnsteig Richtung Halle heute dementsprechend überdimensioniert erscheint. 1998 folgte der Bau einer Verbindungskurve nordöstlich von Eichenberg, die direkte Fahrten von Göttingen nach Heilbad HeiligenstadtHeiligenstadt ermöglicht. Sie übernimmt damit wieder die Funktion, die die 1884 aufgegebene Strecke hatte. Heutiger Betrieb Der Bahnhof Eschwege West 2007 Die Strecke ist vom Durchgangsverkehr, insbesondere mit Güterzügen (viele Container- und Autotransporte) geprägt. Daneben ist sie wichtig zur Erschließung des Werra-Meißner-Kreises. Der Personenverkehr wird von der cantus Verkehrsgesellschaft mit Stadler FLIRT-Triebwagen alle zwei Stunden durchgängig von Göttingen bis Fulda, erbracht. Im Berufsverkehr ergänzen Züge Göttingen–Bebra das Angebot zu einem Stundentakt.Der Nordhessischer VerkehrsverbundNordhessische Verkehrsverbund hat zum Fahrplanwechsel am 13. Dezember 2009 die Strecke zwischen Eschwege West und Eschwege Stadt als eigene Eisenbahninfrastruktur wieder in Betrieb genommen und modernisiert. Dabei wurde nördlich und südlich des Bahnhofs Eschwege West je eine Verbindungskurve zur Trasse der ehemaligen Kanonenbahn hergestellt. Dadurch wird der Bahnhof Eschwege West umfahren, dieser hat somit keinen planmäßigen Personenverkehr mehr. Der Haltepunkt Eschwege-Niederhone wurde neu eingerichtet. Der Stadtbahnhof Eschwege erhielt ein neues Empfangsgebäude, ein zweigeschossiges Parkhaus sowie einen großen, neuen zentralen Omnibusbahnhof.mme: Wieder nach Eschwege. In: Eisenbahn-Revue International 5/2010, S. 213.Zukunft Neben dem Bebenroth-Tunnel soll zwischen 2010 und 2013 ein 1030 Meter langer Neubau entstehen. Danach wird der bisherige Tunnel saniert. Beide Röhren werden dann jeweils nur noch ein Gleis erhalten. D-Hannover: Bauarbeiten für Brücken, Tunnel, Schächte und Unterführungen. Dokument 199392-2009-DE im Elektronischen Amtsblatt der Europäischen UnionBildergalerie Bahnhof EichenbergEin Güterzug nach Süden verlässt Friedland. Die in Bildmitte beginnende Baumreihe steht auf dem alten Damm nach ArenshausenDer ehemalige Bahnhof RosdorfBahnsteigszene in Bebra Anfang der 1990er JahrePersonenzüge im Bahnhof Göttingen (2006): Der 612er-Triebwagen (links) fährt über Friedland nach Chemnitz, der 425er (Mitte) über Bebra nach Bad Hersfeld. Heute fährt hier die Cantus VerkehrsgesellschaftDie seit 1910 genutzte Leinebrücke in Göttingen, dahinter sind die Pfeiler der ICE-Strecke zu erkennen. Die ursprüngliche Trasse querte ein paar hundert Meter hinter dem Fotografen den FlussLiteratur Koch, Keller, Lauerwald: Bahnhof Eichenberg – Glanz, Fall und Wiederaufstieg eines Eisenbahn-Knotenpunktes. Verlag Vogt, Hessisch Lichtenau 1990, ISBN 3-9800576-6-6. Sockel: Eisenbahntechnik. Jahrgang 5, Heft 11, Bericht über den einseitigen Gleiswechselbetrieb von Bebra nach Cornberg. Eisenbahn-Magazin 8/2007, Seite 16: Eschwege erhält neuen StadtbahnhofWeblinks Beschreibung der „Nord-Süd-Strecke“ auf www.rbd-erfurt.de Fotos der Tunnelportale auf www.eisenbahn-tunnelportale.de von Lothar Brill Informationen über den neuen Stadtbahnhof der Stadt EschwegeEinzelnachweise

Landkreis_Rotenburg_(Fulda)

Basisdaten[1]	
Verwaltungssitz	Rotenburg an der Fulda
Fläche	555 km² *(1970)*
Einwohner	57.900 *(1970)*
Bevölkerungsdichte	104 Einw./km² *(1970)*
Gemeinden	67 *(1939)*[2]
Kfz-Kennzeichen	ROF (1956–1972)
Lage des Landkreises Rotenburg (Fulda)	

Der **Landkreis Rotenburg** mit Kreissitz in Rotenburg an der Fulda ist ein ehemaliger Landkreis in Hessen. Sein Gebiet gehört heute zum Landkreis Hersfeld-Rotenburg.

Geschichte

Der Landkreis Rotenburg (Fulda) wurde 1822 im Kurfürstentum Hessen gebildet. Nach der Annexion von Kurhessen durch Preußen als Folge des Deutschen Kriegs im Jahre 1866 gehörte der Kreis zum Regierungsbezirk Kassel der preußischen Provinz Hessen-Nassau. Seit 1946 war der Landkreis Teil des deutschen Bundeslandes Hessen.[3] Im Rahmen der hessischen Kreisgebietsreform wurde er am 1. August 1972 mit dem Nachbarkreis Hersfeld zum Landkreis Hersfeld-Rotenburg zusammengeschlossen. Der amtliche Name während der preußischen Zeit war *Landkreis Rotenburg in Hessen-Nassau*. Nach dem Zweiten Weltkrieg lautete der amtliche Name *Landkreis Rotenburg*. Zur Unterscheidung vom Landkreis Rotenburg (Wümme) in Niedersachsen waren aber die Bezeichnungen *Landkreis Rotenburg (Fulda)* oder *Landkreis Rotenburg/Fulda* allgemein üblich.

Einwohnerentwicklung

Einwohner	1890	1900	1910	1925	1939	1950	1960	1970
Landkreis Rotenburg[2]	29.991	30.315	33.670	37.784	41.863	62.449	55.500	57.900

Gemeinden

Gemeinden des Kreises Rotenburg (Fulda) mit mehr als 1000 Einwohnern (Stand 1939):[2]

Gemeinde	Einwohner
Bebra	4.829
Lispenhausen	1.302
Nentershausen	1.288
Obersuhl	2.643
Ronshausen	1.927
Rotenburg an der Fulda	4.197
Sontra	4.165
Weiterode	1.971

Einzelnachweise

[1] Statistisches Bundesamt (Hrsg.): *Statistisches Jahrbuch für die Bundesrepublik Deutschland.* 1972, Wiesbaden.

[2] Michael Rademacher: *Deutsche Verwaltungsgeschichte.* (http://www.geschichte-on-demand.de/rotenburg_kh.html) Abgerufen am 22. Mai 2009.

[3] Rolf Jehke: *Territoriale Veränderungen in Deutschland.* (http://www.territorial.de/kurhess/rotenbg/landkrs.htm) Abgerufen am 22. Mai 2009.

Gebietsreform_in_Hessen

Die **Gebietsreform in Hessen** wurde von 1972 bis 1977 durchgeführt. Die Gebietsreform hatte das Ziel, mittels größerer Verwaltungseinheiten leistungsfähigere Gemeinden und Landkreise zu schaffen.

Zum Stichtag 28. Februar 1969 gab es in Hessen 2642 Gemeinden, 39 Landkreise und 9 kreisfreie Städte.

Die damalige hessische Landesregierung mit Ministerpräsident Albert Osswald (SPD) und Innenminister Hanns-Heinz Bielefeld (F.D.P.) setzte sich das Ziel, die Zahl der Gemeinden auf 500 und die der Kreise auf 20 zu reduzieren. Den Gemeinden wurden Anreize für einen freiwilligen Zusammenschluss geschaffen durch Vergünstigungen im Kommunalen Finanzausgleich. Dies führte dazu, dass für viele freiwillige Grenzänderungen noch der 31. Dezember eines zu Ende gehenden Jahres als Tag der Rechtswirksamkeit bestimmt wurde und nicht der 1. Januar des folgenden Jahres. Zum 31. Dezember 1971 hatte sich die Zahl der Gemeinden auf 1233 verringert. Eine Zwangszusammenlegung drohte ab dem 1. Juli 1974. [1] .

Die Gebietsreform war ein wichtiges Projekt der von 1970 bis 1974 amtierenden sozialliberalen Regierung Osswald II. Sie war politisch hoch umstritten. Insbesondere die Bildung einer "Stadt Lahn" aus den 15 km entfernt liegenden Städten Gießen und Wetzlar stieß auf heftigen Widerstand und musste nach nur 31 Monaten rückgängig gemacht werden.

Heute gibt es in Hessen 421 Gemeinden in 21 Landkreisen und fünf kreisfreie Städte.

Vorgeschichte

Am 31. März 1947 wurde eine Kabinetts-Kommission unter dem Vorsitz von Prof. Hermann Brill eingesetzt. Diese erarbeitete ein Gutachten und regte die Auflösung von „Zwerggemeinden" unter 300 Einwohnern und die Reduzierung der Zahl der Landkreise auf 31 an.[2] Eine Umsetzung dieser Vorschläge erfolgte jedoch nicht.

Regierungsbezirke

1968 und 1981 wurden die hessischen Regierungsbezirke neu gegliedert. Dabei wurden die seit der Zeit des Deutschen Bunds bestehenden Grenzen in modernere Form gebracht.

Vor der Reform gab es in Hessen folgende drei Regierungsbezirke:

- den 1867 aus dem Kurfürstentum Hessen hervorgegangenen Regierungsbezirk Kassel im Norden und Osten des Landes,
- den 1867 aus dem ehemaligen Herzogtum Nassau (abzüglich der 1945 an Rheinland-Pfalz gefallenen Landkreise), der ehemaligen Landgrafschaft Hessen-Homburg und der ehemaligen Freien Stadt Frankfurt gebildeten Regierungsbezirk Wiesbaden im Westen des Landes, und
- den 1945 aus den ehemaligen und räumlich nicht zusammenhängenden Provinzen Oberhessen und Starkenburg des Volksstaats Hessen gebildeten Regierungsbezirk Darmstadt im Süden und in der Mitte Hessens.

Am 6. Mai 1968 wurde der Regierungsbezirk Wiesbaden aufgelöst und sein gesamtes Gebiet dem Regierungsbezirk Darmstadt angegliedert, der damit drei Viertel der hessischen Bevölkerung umfasste.

Zum 1. Januar 1981 wurden die Landkreise Limburg-Weilburg, Lahn-Dill, Gießen und Vogelsberg aus dem Regierungsbezirk Darmstadt ausgegliedert, der seitdem vor allem Südhessen und das Rhein-Main-Gebiet umfasst. Die genannten Kreise bildeten zusammen mit dem bisher zu Kassel gehörenden Landkreis Marburg-Biedenkopf den neuen Regierungsbezirk Gießen. Seitdem besteht das Land Hessen wieder aus drei Regierungsbezirken.

Kreisfreie Städte

Als Folge der Gebietsreform verloren Marburg, Fulda und Hanau ihren Status als kreisfreie Städte und wurden in die benachbarten Landkreise eingegliedert. Die kreisfreie Stadt Gießen ging in der neuen kreisfreien Stadt Lahn auf, die schon 1979 wieder aufgelöst wurde. Gießen erhielt seine kommunale Selbständigkeit zurück, verlor aber die Kreisfreiheit.

Somit verblieben im Land Hessen nur noch fünf kreisfreie Städte: Frankfurt am Main, Wiesbaden, Kassel, Darmstadt und Offenbach am Main, also nur noch die Städte mit mehr als 100.000 Einwohnern. Frankfurt gewann durch die Gebietsreform vier Gemeinden und die Stadt Bergen-Enkheim hinzu, Wiesbaden übernahm vom Main-Taunus-Kreis sechs Gemeinden und Darmstadt vergrößerte sich um Wixhausen, während Kassel und Offenbach unverändert blieben.

Die kreisangehörigen Städte mit mehr als 50.000 Einwohnern erhielten einen Sonderstatus, nach dem sie verschiedene Kreisaufgaben selbst wahrnehmen können und nur die Hälfte der üblichen Kreisumlage zahlen müssen. Betroffen sind davon die Städte Hanau, Gießen, Marburg, Fulda, Bad Homburg, Rüsselsheim und Wetzlar.

Kreisgebietsreform

Der bestehende Landkreis Groß-Gerau blieb weitgehend unverändert:[3] Es mussten aber Gemarkungsteile an Frankfurt am Main wegen der Ausdehnung des Frankfurter Flughafens abgetreten werden.[4] Auch der Kreis Bergstraße wurde nur geringfügig verändert.[5] Die Gemeinde Laudenau ging nach einer Bürgerbefragung an den Odenwaldkreis und wurde Ortsteil von Reichelsheim (Odenwald). Die Landkreise Main-Taunus[6] und Offenbach[7] wurden in ihren Außengrenzen stark verändert, der Verwaltungssitz des Main-Taunus-Kreises von Frankfurt-Höchst nach Hofheim am Taunus und der des Kreises Offenbach von Offenbach am Main nach Dietzenbach verlegt (vollzogen 1987 bzw. 2002), der Main-Taunus-Kreis erhielt statt des bisherigen Kfz-Kennzeichens FH nun MTK. Der Landkreis Erbach wurde um die Gemeinden Brensbach und Fränkisch-Crumbach aus dem Landkreis Dieburg erweitert und erhielt den neuen Namen Odenwaldkreis.[8]

Die übrigen vor 1972 bestehenden Landkreise wurden wie folgt zu neuen Einheiten zusammengeschlossen:

Altkreis	Verwaltungssitz	Kfz-Kennz.	Neukreis	Verwaltungssitz	Kfz-Kennz.	Stichtag	Neugliederungsgesetz	Bemerkungen
Alsfeld	Alsfeld	ALS	Vogelsberg	Lauterbach	ALS und LAT, ab 1979 VB	1.8.1972	Gesetz zur Neugliederung der Landkreise Alsfeld und Lauterbach vom 11. Juli 1972 [9] GVBl. I S. 215; GVBl. II Nr. 330-12	Die Stadt Schotten aus dem Landkreis Büdingen wurde in den Vogelsbergkreis eingegliedert
Lauterbach	Lauterbach	LAT						
Hersfeld	Bad Hersfeld	HEF	Hersfeld-Rotenburg	Bad Hersfeld	HEF	1.8.1972	Gesetz zur Neugliederung der Landkreise Hersfeld und Rotenburg vom 11. Juli 1972 [10] GVBl. I S. 217; GVBl. II Nr. 330-13	Die Stadt Sontra ging an den Landkreis Eschwege, die Gemeinde Rengshausen an den Landkreis Fritzlar-Homberg. Aus dem Landkreis Hünfeld kam die Gemeinde Haunetal hinzu und aus dem Landkreis Ziegenhain die Gemeinde Breitenbach am Herzberg
Rotenburg (Fulda)	Rotenburg an der Fulda	ROF						

Fulda	Fulda	FD	Fulda	Fulda	FD	1.8.1972/ 1.7.1974	Gesetz zur Neugliederung der Landkreise Fulda und Hünfeld und der Stadt Fulda vom 11. Juli 1972 [11] GVBl. I S. 220; GVBl. II Nr. 330-14	Zum 1. Juli 1974 wurde die bisher kreisfreie Stadt Fulda in den neuen Landkreis eingegliedert.
Hünfeld	Hünfeld	HÜN						
Hofgeismar	Hofgeismar	HOG	Kassel	Kassel	KS	1.8.1972	Gesetz zur Neugliederung der Landkreise Hofgeismar, Kassel und Wolfhagen vom 11. Juli 1972 [12] GVBl. I S. 225; GVBl. II Nr. 330-17	
Kassel	Kassel	KS						
Wolfhagen	Wolfhagen	WOH						
Obertaunus	Bad Homburg vor der Höhe	HG	Hochtaunus	Bad Homburg	HG	1.8.1972	Gesetz zur Neugliederung des Obertaunuskreises und des Landkreises Usingen vom 11. Juli 1972 [13] GVBl. I S. 227; GVBl. II Nr. 330-18	
Usingen	Usingen	USI						
Büdingen	Büdingen	BÜD	Wetterau	Friedberg	FB	1.8.1972	Gesetz zur Neugliederung der Landkreise Büdingen und Friedberg vom 11. Juli 1972 [14] GVBl. I S. 230; GVBl. II Nr. 330-19	
Friedberg	Friedberg (Hessen)	FB						
Eschwege	Eschwege	ESW	Werra-Meißner	Eschwege	ESW	1.1.1974	Gesetz zur Neugliederung der Landkreise Eschwege und Witzenhausen vom 28. September 1973 [15] GVBl. I S. 353; GVBl. II Nr. 330-21	
Witzenhausen	Witzenhausen	WIZ						
Fritzlar-Homberg	Fritzlar	FZ	Schwalm-Eder	Homberg (Efze)	HR	1.1.1974	Gesetz zur Neugliederung der Landkreise Fritzlar-Homberg, Melsungen und Ziegenhain vom 28. September 1973 [16] GVBl. I S. 356; GVBl. II Nr. 330-22	
Melsungen	Melsungen	MEG						
Ziegenhain	Ziegenhain	ZIG						

Frankenberg	Frankenberg (Eder)	FKB	Waldeck-Frankenberg	Korbach	KB	1.1.1974	Gesetz zur Neugliederung der Landkreise Frankenberg und Waldeck vom 28. September 1973 [17] GVBl. I S. 359; GVBl. II Nr. 330-23	
Waldeck	Korbach	WA						
Limburg	Limburg an der Lahn	LM	Limburg-Weilburg	Limburg	LM	1.7.1974	Gesetz zur Neugliederung des Landkreises Limburg und des Oberlahnkreises vom 6. Februar 1974 [18] GVBl. I S. 101; GVBl. II Nr. 330-25	
Oberlahn	Weilburg	WEL						
Gelnhausen	Gelnhausen	GN	Main-Kinzig	Hanau, seit 2005: Gelnhausen	HU, ab 2005 MKK und HU	1.7.1974	Gesetz zur Neugliederung der Landkreise Gelnhausen, Hanau und Schlüchtern und der Stadt Hanau sowie die Rückkreisung der Städte Fulda, Hanau und Marburg (Lahn) betreffende Fragen vom 12. März 1974 [19] GVBl. I S. 149; GVBl. II Nr. 330-26	Zum Stichtag wurde die bisher kreisfreie Stadt Hanau in den neuen Landkreis eingegliedert. Sie wurde um die Stadt Steinheim/Main und die Gemeinde Klein-Auheim aus dem Kreis Offenbach vergrößert.
Hanau	Hanau	HU						
Schlüchtern	Schlüchtern	SLÜ						
Biedenkopf	Biedenkopf	BID	Marburg-Biedenkopf	Marburg	MR	1.7.1974	Gesetz zur Neugliederung der Landkreise Biedenkopf und Marburg und der Stadt Marburg (Lahn) vom 12. März 1974 [20] GVBl. I S. 154; GVBl. II Nr. 330-27	Zum Stichtag die bisher kreisfreie Stadt Marburg in den neuen Landkreis eingegliedert.
Marburg	Marburg (Lahn)	MR						

Dill	Dillenburg	DIL	Lahn-Dill, seit 1979 außerdem wieder: Gießen	Lahn, seit 1979: Wetzlar (Lahn-Dill) und Gießen (Kr. Gießen)	L, ab 1990 LDK zusätzlich ab 1979 GI (für den Landkreis Gießen)	1.1.1977	Gesetz zur Neugliederung des Dillkreises, der Landkreise Gießen und Wetzlar und der Stadt Gießen vom 13. Mai 1974 [21] GVBl. I S. 237; GVBl. II Nr. 330-28	Die kreisfreie Stadt Gießen wurde mit selbem Gesetz mit der kreisangehörigen Stadt Wetzlar und 14 Gemeinden zur kreisfreien Stadt Lahn zusammengeschlossen. Zum 31. Juli 1979 wurde der Lkr. Gießen wieder selbständig, die Stadt Lahn wieder aufgelöst, die Städte Gießen und Wetzlar als kreisangehörige Städte in die Kreise Lahn-Dill und Gießen eingegliedert.
Gießen	Gießen	GI						
Wetzlar	Wetzlar	WZ						
Rheingau	Rüdesheim am Rhein	RÜD	Rheingau-Taunus	Bad Schwalbach	RÜD und SWA, ab 1980 RÜD	1.1.1977	Gesetz zur Neugliederung des Rheingaukreises und des Untertaunuskreises vom 26. Juni 1974 [22] GVBl. I S. 312; GVBl. II Nr. 330-31	
Untertaunus	Bad Schwalbach	SWA						
Darmstadt	Darmstadt	DA	Darmstadt-Dieburg	Darmstadt	DA	1.1.1977	Gesetz zur Neugliederung der Landkreise Darmstadt und Dieburg und der Stadt Darmstadt vom 26. Juni 1974 [23] GVBl. I S. 318; GVBl. II Nr. 330-34	Die Gemeinden Nieder-Roden, Ober-Roden und Urberach aus dem Landkreis Dieburg wurden als Teil der neu gegründeten Städte Rodgau und Rödermark dem Kreis Offenbach zugeschlagen.
Dieburg	Dieburg	DI						

Gebietsreform auf Gemeindeebene

Die Gebietsreform hat auf Gemeindeebene für fast alle Städte und Gemeinden Organisationsänderungen in Form von Zusammenschlüssen oder Eingliederungen benachbarter Gemeinden gebracht. Nur 31 von den ursprünglich über 2.600 Kommunen, die es in Hessen nach dem Zweiten Weltkrieg und vor der Gebietsreform gab, bestehen nach wie vor aus einer einzigen Ortschaft und einer einzigen Gemarkung, so wie sie historisch gewachsen sind. Es handelt sich um folgende Städte und Gemeinden (geordnet von Süd nach Nord):

- Odenwaldkreis: Fränkisch-Crumbach
- Kreis Bergstraße: Einhausen, Groß-Rohrheim, Lorsch, Viernheim
- Kreis Groß-Gerau: Biebesheim am Rhein. Bischofsheim, Kelsterbach, Nauheim, Raunheim, Stockstadt am Rhein
- Landkreis Darmstadt-Dieburg: Bickenbach, Dieburg, Eppertshausen, Erzhausen, Griesheim, Messel
- Landkreis Offenbach: Dietzenbach, Egelsbach, Langen
- Main-Taunus-Kreis: Kriftel, Schwalbach am Taunus, Sulzbach (Taunus)

- Rheingau-Taunus-Kreis: Kiedrich
- Main-Kinzig-Kreis: Bad Orb, Großkrotzenburg, Langenselbold, Niederdorfelden
- Hochtaunuskreis: Steinbach (Taunus)
- Landkreis Fulda: Bad Salzschlirf
- Landkreis Kassel: Nieste

Namensschöpfungen

Beim Zusammenschluss von Gemeinden war die Bestimmung eines gemeinsamen Gemeindenamens oft eine große Herausforderung. Nicht immer war eine der zu verschmelzenden Gemeinden von so überragender Bedeutung, dass deren Name von allen zu beteiligenden Gremien als Name der neuen Großkommune akzeptiert worden wäre. In einem Fall stellte sich ein ursprünglich vorgesehener gemeinsamer Name als so unbeliebt heraus, dass er gleich wieder geändert wurde (aus Waldfelden wurde bald darauf Mörfelden-Walldorf). Manchmal reichte es, Namensteile wie Ober- oder Unter-, Groß- oder Klein- wegzulassen. Oftmals griff man auf den Namensfundus zurück, den die geographische Lage und die Regionalgeschichte zu bieten hatte. Auch Kunstworte entstanden aus Namensteilen der beteiligten Gemeinden. Nur in vier Fällen griff man zu Doppelnamen mit Bindestrich. So entstanden im Rahmen der Gebietsreform 129 Namensschöpfungen, die nachfolgend, geordnet nach Landkreisen von Süd nach Nord, zusammengestellt werden. Nicht besonders aufgezählt werden dabei geringfügige Änderungen, wie etwa Getrennt- und Zusammenschreibung (aus Gras-Ellenbach wurde Grasellenbach oder die Beifügung von Unterscheidungsmerkmalen (aus Hattersheim wurde Hattersheim am Main).

- Odenwaldkreis: Breuberg, Brombachtal, Hesseneck, Lützelbach, Mossautal, Sensbachtal
- Kreis Bergstraße: Abtsteinach, Gorxheimertal, Lautertal (Odenwald)
- Kreis Groß-Gerau: Mörfelden-Walldorf, Riedstadt
- Landkreis Darmstadt-Dieburg: Alsbach-Hähnlein, Fischbachtal, Modautal, Mühltal, Otzberg, Seeheim-Jugenheim
- Landkreis Offenbach: Dreieich, Hainburg, Mainhausen, Rödermark, Rodgau
- Main-Taunus-Kreis: Liederbach am Taunus
- Rheingau-Taunus-Kreis: Aarbergen, Heidenrod, Hünstetten, Oestrich-Winkel, Taunusstein, Waldems, Walluf
- Main-Kinzig-Kreis: Biebergemünd, Brachttal, Erlensee, Flörsbachtal, Freigericht, Gründau, Jossgrund, Linsengericht, Maintal, Nidderau, Ronneburg, Schöneck, Sinntal
- Wetteraukreis: Florstadt, Karben, Limeshain, Niddatal, Rosbach vor der Höhe, Wöllstadt
- Hochtaunuskreis: Neu-Anspach, Weilrod
- Landkreis Limburg-Weilburg: Beselich, Brechen, Dornburg, Hünfelden, Selters (Taunus), Waldbrunn (Westerwald)
- Lahn-Dill-Kreis: Dietzhölztal, Eschenburg, Hohenahr, Hüttenberg, Lahnau, Mittenaar, Schöffengrund, Solms, Siegbach, Waldsolms
- Landkreis Gießen: Biebertal, Buseck, Fernwald, Linden (Hessen), Pohlheim, Rabenau (Hessen), Wettenberg
- Vogelsbergkreis: Antrifttal, Feldatal, Lautertal (Vogelsberg), Mücke, Schwalmtal (Hessen), Wartenberg (Hessen)
- Landkreis Marburg-Biedenkopf: Angelburg, Dautphetal, Ebsdorfergrund, Lahntal, Steffenberg, Weimar (Lahn), Wohratal
- Landkreis Fulda: Ebersburg, Ehrenberg (Rhön), Kalbach, Nüsttal
- Landkreis Hersfeld-Rotenburg: Friedewald, Hauneck, Haunetal, Hohenroda, Ludwigsau, Neuenstein (Hessen), Wildeck
- Schwalm-Eder-Kreis: Edermünde, Knüllwald, Neuental, Schwalmstadt
- Werra-Meißner-Kreis: Berkatal, Meinhard, Meißner, Neu-Eichenberg, Ringgau, Wehretal
- Landkreis Waldeck-Frankenberg: Burgwald, Diemelsee, Diemelstadt, Edertal, Frankenau, Twistetal
- Landkreis Kassel: Ahnatal, Bad Emstal, Baunatal, Espenau, Fuldabrück, Fuldatal, Habichtswald, Kaufungen, Lohfelden, Niestetal, Oberweser, Reinhardshagen, Schauenburg, Söhrewald, Wahlsburg

Einzelnachweise

[1] H. Voit, *Die kommunale Gebietsreform* in: Erwin Stein (Hrsg.): *30 Jahre Hessische Verfassung*, Wiesbaden 1976 (http://starweb.hessen.de/cache/hessen/landtag/dreissig_jahre_hessische_verfassung_gesamt.pdf) Seite 412–433 der PDF-Datei (17,25 MB)

[2] *Die Verwaltungsreform in Hessen*, herausgegeben durch die Kabinetts-Kommission zur Vorbereitung der Verwaltungsreform, Wiesbaden 1947 (Band 1), Wiesbaden 1948 (Band 2)

[3] Gesetz zur Neugliederung des Landkreises Groß-Gerau (http://www.landesrecht-hessen.de/hessenrecht/330_Allgemeines/330-32-NeugliederungsG-Groß-Gerau/NeugliederungsG_Gross_Gerau.htm) vom 26. Juni 1974 GVBl. I S. 314

[4] Gesetz zur Neugliederung des Landkreises Offenbach (http://www.landesrecht-hessen.de/hessenrecht/330_allgemeines/330-33-neugliederungsg-offenbach/neugliederungsg_offenbach.htm) vom 26. Juni 1974, GVBl. I S. 316, § 12 Stadt Frankfurt am Main

[5] Gesetz zur Neugliederung des Landkreises Bergstraße (http://www.landesrecht-hessen.de/hessenrecht/330_Allgemeines/330-15-NeugliederungsG-Bergstraße/NeugliederungsG_Bergstrasse.htm) vom 11. Juli 1972 , GVBl. I S. 222

[6] Gesetz zur Neugliederung des Main-Taunus-Kreises und der Stadt Wiesbaden vom 26. Juni 1974 (http://www.landesrecht-hessen.de/hessenrecht/330_Allgemeines/330-30-NeugliederungsG-Main-Taunus-Kreis/NeugliederungsG_Main_Taunus_Kreis.htm) GVBl. I S. 309

[7] Gesetz zur Neugliederung des Landkreises Offenbach vom 26. Juni 1974 (http://www.landesrecht-hessen.de/hessenrecht/330_Allgemeines/330-33-NeugliederungsG-Offenbach/NeugliederungsG_Offenbach.htm) GVBl. I S. 316

[8] Gesetz zur Neugliederung des Landkreises Erbach (http://www.landesrecht-hessen.de/hessenrecht/330_Allgemeines/330-16-NeugliederungsG-Erbach/NeugliederungsG_Erbach.htm) vom 11. Juli 1972, GVBl. I S. 224

Siehe auch

- Gebietsreform
- Kreisreformen in der Bundesrepublik Deutschland bis 1990
- Gebietsreform in Bayern

Asmushausen

Asmushausen Stadt Bebra	
Koordinaten:	51° 1′ N, 9° 49′ O [1]Koordinaten: 51° 0′ 43″ N, 9° 49′ 7″ O [1]
Höhe:	243–264 m ü. NN
Einwohner:	400
Eingemeindung:	1. Jan. 1972
Postleitzahl:	36179
Vorwahl:	06622

Asmushausen ist ein Ortsteil der Stadt Bebra im Landkreis Hersfeld-Rotenburg im Nordosten von Hessen.

Der Stadtteil Asmushausen liegt ca. 5 km nordöstlich der Kernstadt Bebra im Bebratal, einem Teil des Richelsdorfer Gebirges. Im Westen führt die Bundesstraße 27, im Osten die Bahnstrecke Göttingen-Bebra am Ort vorbei.

Asmushausen wurde in einer Urkunde aus dem Jahre 1261 erstmals erwähnt. 1939 hatte das Dorf 403 Einwohner. Es gehörte damals zum Landkreis Rotenburg. Mit der hessischen Gebiets- und Verwaltungsreform wurde Asmushausen mit Beginn des Jahres 1972 der Stadt Bebra angegliedert.

Sonstiges

- In Asmushausen gibt es ein solarbeheiztes Freibad aus den 1960er Jahren, welches von einem Förderverein von 2003 bis 2010 in Eigenleistung renoviert wurde und in den Sommermonaten betrieben wird.
- Sehenswert ist der Wildpark Elferstaler Teiche

Weblinks

- Der Stadtteil auf www.bebra.de [2]
- Ortslexikon des Landes Hessen [2]

Braunhausen

Braunhausen Stadt Bebra	
Koordinaten:	51° 0′ N, 9° 50′ O [1]Koordinaten: 51° 0′ 15″ N, 9° 49′ 51″ O [1]
Höhe:	267–287 m ü. NN
Eingemeindung:	1. Jan. 1972
Postleitzahl:	36179
Vorwahl:	06622

Braunhausen ist ein Ortsteil der Stadt Bebra im Landkreis Hersfeld-Rotenburg im Nordosten von Hessen.

Der Stadtteil Braunhausen liegt nordöstlich der Kernstadt Bebra im Bebratal, einem Teil des Richelsdorfer Gebirges. Im Westen des Ortes liegt der Braunhäuser Tunnel, ein ehemaliger Eisenbahntunnel an der Nord-Süd-Strecke von Hannover nach Frankfurt am Main.

Braunhausen wurde in einer Urkunde aus dem Jahre 1252 erstmals erwähnt. 1939 hatte das Dorf 206 Einwohner. Es gehörte damals zum Landkreis Rotenburg. Mit der hessischen Gebiets- und Verwaltungsreform wurde Braunhausen mit Beginn des Jahres 1972 der Stadt Bebra angegliedert.

Weblinks

- Der Stadtteil auf www.bebra.de [2]
- Ortslexikon des Landes Hessen [2]

Breitenbach_(Bebra)

Breitenbach Stadt Bebra	
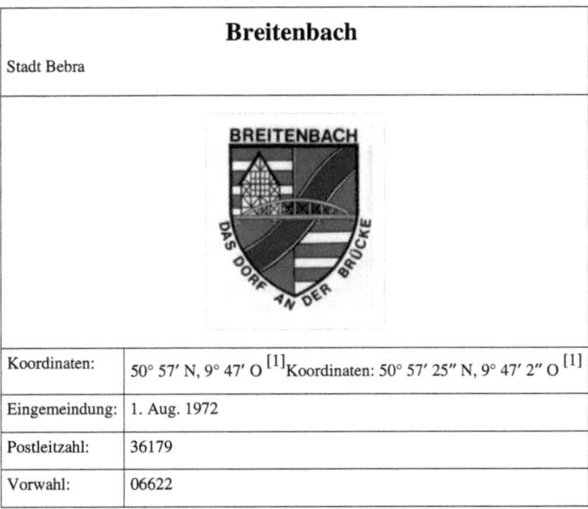	
Koordinaten:	50° 57′ N, 9° 47′ O [1]Koordinaten: 50° 57′ 25″ N, 9° 47′ 2″ O [1]
Eingemeindung:	1. Aug. 1972
Postleitzahl:	36179
Vorwahl:	06622

Breitenbach liegt im Nordosten Hessens und ist seit 1972 ein Stadtteil von Bebra.

Breitenbacher Seen im Hintergrund Breitenbach mit Kirche

Geografie

Geografische Lage

Breitenbach liegt westlich vom „Fuldaknie“ (einer starken Biegung der Fulda), so dass es leicht auf Landkarten auffindbar ist.

Ausdehnung des Dorfgebiets

Das Dorfgebiet erstreckte sich im Mittelalter südlich der Fulda beginnend bis zur heutigen Straßenabzweigung nach Lüdersdorf. Bis zum Ende des 18. Jahrhunderts wuchs es in den Gebieten um den Klenges und beiderseits des Lüderbach Richtung Lüdersdorf. Noch um 1900 lag der heutige alte Friedhof, der seit 1844 besteht, an der Dorfgrenze. Heute befindet er sich an der Hersfelder Straße und befindet sich beinahe in der Ortsmitte.

Zu Beginn des 20. Jahrhunderts wurde Breitenbach von einer Feuersbrunst heimgesucht, wobei am 7. September 1905 sechs Wohnhäuser mit den angrenzenden Stallungen im Bereich zwischen Hersfelder Straße und der Straße zum Pfarrhaus abbrannten. Trotzdem dehnte sich das Dorf weiter aus, so dass die Gebiete im "Rieth" (Gebiet ab dem alten Friedhof in Richtung Blankenheim), „Hinter den Zäunen“ (→ Weserstraße), Lüdersdorfer Straße, am „Bitzen“, Fuhrmannweg („Höhle“), und Bachseite nach und nach erschlossen wurden.

Mit dem Ende des Zweiten Weltkriegs wurden am 1. April 1945 ca. 50 Gebäude des Dorfes stark beschädigt als eine Gruppe der Waffen-SS versuchte, das Dorf gegen die amerikanische Armee zu verteidigen.

Neubaugebiete liegen in Breitenbach in den Bereichen Baumgarten und seit 1959 auch auf dem Kleeberg zwischen Lüdersdorfer Straße und dem Höberück. Seit den 1990er Jahren kommen einige neue Häuser im Osten des Ortes, also zwischen Hersfelder Straße und B 27 hinzu.

Geschichte

Geschichte bis ins 19. Jahrhundert

Kaiser Heinrich II. teilte am 30. Mai 1003 den Reichsforst Ehringswald (Ehrenvirst) zwischen den Klostern Fulda und Hersfeld auf. Breitenbach fiel so in den Einflussbereich Hersfelds. Wenige Jahre später erfolgte die erste urkundliche Erwähnung.

Am 27. und 28. Januar 1074 wurden zwei Urkunden verfasst, die heute im Staatsarchiv in Karlsruhe aufbewahrt werden. Sie wurden von Urkundenschreibern der kaiserlichen Kanzlei verfasst, da sich zu diesem Zeitpunkt König Heinrich IV. im Breitenbacher Königshof aufhielt. Er befand sich mit einem Heer in dieser Gegend, um Gebiete in Thüringen und Sachsen zu befrieden. Bei Kämpfen wurde Breitenbach in der Folge 1219 und 1312 verwüstet.

Zur Beginn des Dreißigjährigen Krieges wurde 1623 bei Breitenbach ein Transportzug der zu Tilly gehörigen katholischen Truppen überfallen. Die einheimischen Angreifer zwangen die wenigen Überlebenden sich von nun an nicht mehr gegen die Protestanten zu wenden, was dennoch eine spätere Vergeltung nach sich zog. Links der Fulda in Richtung Rotenburg befindet sich noch heute das Lehnsgut Mischels, mit welchem die Familie von Bartheld 1641 durch die Landgräfin Amalia Elisabeth von Hessen-Kassel belehnt wurde.

Der Gerichtsstuhl Breitenbach mit den zugehörigen Dörfern Breitenbach, Lüdersdorf, Mecklar und Meckbach existierte vom 16. Jahrhundert bis 1821.

Die Bedeutung der Fulda

Schon im Mittelalter machte eine Furt ungefähr 50 Meter stromabwärts der heutigen Fuldabrücke Breitenbach zu einem wichtigen Punkt zum Überqueren des Flusses. Ab 1494 wurde das Überwinden der Fulda durch den Bau eine Holzbrücke erleichtert, der von der Landgräfin Mechthild, Witwe des Landgrafen Ludwig I. von Hessen, und dem Hersfelder Abt Volpert Riedesel zu Bellersheim beschlossen wurde. Für die Benutzung der Brücke wurde ein Zoll erhoben. Die Holzbrücke wurde mehrfach durch Hochwasser und Eisschollen zerstört, zuletzt am 19. Dezember 1902. Daraufhin wurde Ende 1903 eine Bogenbrücke aus einer Eisenkonstruktion gebaut, die auf stabilen Steinpfeilern ruhte. Doch auch diese Brücke wurde zerstört, diesmal durch die Sprengung deutscher Truppen beim bevorstehenden Einmarsch der Amerikaner am 1. April 1945. Die daraufhin von amerikanischen Pionieren gebaute Behelfsholzbrücke wurde bis 1948 genutzt. Danach wurde eine einfache Eisenbrücke in Dienst gestellt die erst 1975/76 von der heutigen Stahlbetonbrücke abgelöst wurde.

Seit Beginn des 16. Jahrhunderts wurde der schiffbare Teil der Fulda bis Bad Hersfeld genutzt. Hierbei kamen auf dem Weg flussaufwärts Zugpferde zum Einsatz, die die Schiffe gegen die Strömung zogen. In der Gemarkung Breitenbach wurde die Fulda in den Jahren 1760, 1775 und 1860 an mehreren Stellen begradigt. Davon profitierte auch das Flößergewerbe, das um 1800 einen Aufschwung erlebte. Hierbei wurde aus Thüringen stammendes Holz, das in der Ulfenmühle (heute zu Weiterode) zu Brettern verarbeitet worden war, zunächst in Breitenbach zu Flößen zusammengebunden. Danach wurde es von Flößern in ungefähr 35 Stunden über 80 Kilometer auf der Fulda nach Kassel transportiert. So gab es in Breitenbach bis zur Mitte des 19. Jahrhunderts ein „Herrschaftliches Holz- und Dielenmagazin", doch mit zunehmendem Durchsetzen der Eisenbahn als Transportmittel verloren die Flößer an Bedeutung.

Politik

Ortsvorsteher

Ortsvorsteher von Breitenbach ist seit 2006 José Maireles-Fuentes.

Wappen

Auf dem Wappen sind die Fulda (Fluss), die Brücke über diese und ein Fachwerkhaus dargestellt.

Wappenspruch

Die Väter haben auf Gott vertraut
und eine Brücke von Stein gebaut,
die stand so fest wie ein Hessenwort
und sollte verbinden Süd und Nord.
Die Zeit war sturmvoll,
das ward neu,
doch nie verliert es die alte Treu.
Von Herz zu Herzen heißt's Brücken bauen,
wir wollen es wagen und aufwärt's schau'n.

Kultur und Sehenswürdigkeiten

Musik

Der MGV 1895 Liederkranz Breitenbach ist ein Männerchor, der auf den niedrigen Altersdurchschnitt der ca. 50 aktiven Mitglieder stolz ist.

Der evangelische Jugendposaunenchor wurde 1992 gegründet und ist zurzeit unter der Leitung von Tom Langlotz.

Sport

Die Sportgemeinschaft Breitenbach 1920 e.V. ist vor allem im Bereich Fußball aktiv, neben der 1. Mannschaft, den „Alten Herren“ und dem Jugendbereich gibt es auch eine Abteilung für Damenfußball, die eine Spielgemeinschaft mit Lispenhausen bildet. Außerdem existiert eine Faustballabteilung. An das genutzte Sporthaus schließen sich der Fußballplatz und ein Trainingsplatz an.

Oberhalb des Sportplatzes befindet sich das Schützenhaus des Schützenverein 1926 Breitenbach e.V.. Im Schützenhaus befinden sich 5 Schießstände für Luftgewehr und 4 Schießstände für Kleinkaliber.

Der TV 03 Breitenbach hat vor allem durch seine Läufer Bekanntheit erreicht. Neben der Tennisabteilung, die den Platz in der Nähe des Sportplatzes mit zwei Sandplätze bewirtschaftet, werden auch andere Sportarten wie Badminton angeboten.

Wirtschaft und Infrastruktur

Verkehr

Bis 1984 führte die Bundesstraße 27 durch Breitenbach, seit dem wird sie östlich über eine neu gebaute Umgehungsstraße um das Dorf herum geführt. Richtung Süden gelangt man über einen Abschnitt der alten Bundesstraße (heute Kreisstraße 74) nach Blankenheim, in die entgegengesetzte Richtung führt die Straße Richtung Bebra und Weiterode. Nach Westen führt die Kreisstraße 60 nach Lüdersdorf und von dort weiter nach Rotenburg an der Fulda.

Mit der Deutschen Bahn ist Breitenbach über den Bahnhof von Bebra zu erreichen. Die Busse des Nordhessischen Verkehrsverbunds (NVV) verkehren regelmäßig.

Bauwerke

Kirche

Die Breitenbacher Kirche wurde zwischen dem 11. und 12. Jahrhundert erbaut und ist dem heiligen Michael geweiht. Die erste urkundliche Erwähnung der Kirche stammt aus dem Jahr 1508. Nach einem Blitzeinschlag 1782 wurde der Turm neu aufgebaut und ist bis heute in dieser Form erhalten geblieben. Das Kirchenschiff wurde hingegen mehrfach erweitert und umgebaut, zuletzt 1967.

1254 wurde zum ersten Mal ein Plebanus erwähnt. Die Pfarrei gehörte zu dieser Zeit zum „erzpriesterlichen Sprengel" Braach. 1595 zählten Blankenheim, Lüdersdorf und Weiterode zur Kirchengemeinde Breitenbach. Weiterode wurde 1914 „selbstständig", die verbliebenen Orte bilden auch heute noch das Kirchspiel Breitenbach. Das Dorf hatte in seiner Geschichte drei Friedhöfe: Der erste befand sich direkt an der Kirche. Ab 1844 wurde ein Gebiet genutzt, das damals zwischen Breitenbach und Blankenheim lag. Dieser "alte" Friedhof befindet sich heute in der Ortsmitte. Seit 1972 gibt es einen neuen Friedhof oberhalb des Neubaugebiets "Im Baumgarten".

Evangelische Kirche

Schule

Im Laufe seiner Geschichte hatte Breitenbach drei Schulhäuser. Das erste, das bis 1967 gegenüber dem alten Kirchenschiff stand, wurde bis 1900 genutzt und 1968 im Zuge des Kirchenumbaus schließlich abgerissen. Das zweite ist ein gut erhaltenes Fachwerkhaus und dient heute als Wohnhaus. 1936 wurde das neue Schulhaus errichtet, das heute als Grundschule genutzt wird und zuletzt 1990 komplett renoviert wurde. Im Zeitraum der Renovierung fand der Unterricht für die Breitenbacher Schüler teilweise in der Weiteröder Grundschule statt.

Seit 1998 wird die Arbeit der Grundschule durch einen Förderverein unterstützt. Der Freundes- und Förderkreis der Grundschule Breitenbach e. V. mit ca. 70 Mitgliedern hat es sich zur Aufgabe genmacht, das Schulleben finanziell und inhaltlich zu fördern.

weitere

- Dorfgemeinschaftshaus
- Feuerwehrhaus
- Mehrzweckhalle
- Pfarrhaus
- Schützenhaus
- Sporthaus
- Jugendclubhaus
- Kindergarten

Regelmäßige Veranstaltungen

- Dorffest
- Osterfeuer
- Weihnachtsmarkt

Literatur

- Rudi Eichhorn: *Bebra und seine Stadtteile - bildschön.* Geiger, Horb 1989, ISBN 3-89264-388-1

Weblinks

- Links zum Thema Breitenbach und Bebra [2] im Open Directory Project

Gilfershausen

Gilfershausen Stadt Bebra	
Koordinaten:	50° 59′ N, 9° 50′ O [1]Koordinaten: 50° 59′ 22″ N, 9° 50′ 0″ O [1]
Einwohner:	434 (1. Jan. 2005)
Eingemeindung:	1. Aug. 1972
Postleitzahl:	36179
Vorwahl:	06622

Gilfershausen ist eine Ortschaft, die als Stadtteil zu Bebra gehört, gelegen im Landkreis Hersfeld-Rotenburg, im Nordosten von Hessen.

Geographie

Der Stadtteil Gilfershausen liegt ca. 4 km nordöstlich der Kernstadt Bebra im Solzbachtal, einem Teil des Richelsdorfer Gebirges. Der Ort ist von den Erhebungen Ziegenberg (333 m), Mühlberg (338 m) und dem Schoßberg (365 m) umgeben.

Gilfershausen von *Aufm Stein.* Blick Richtung Bebra.
Davor verdeckt *Hinterm Stein.* Links *Simbach.* Im oberen Teil *Bühl.* Rechts Gilfershäuser Kirche. Dahinter verdeckt *In den Dellen.*

Geschichte

Gilfershausen fand seine erste urkundliche Erwähnung im Jahre 1239 als *Gilvershusen* durch das Kloster Hersfeld:

> „Heinrich, Probst von St. Nikolaus, Reimfrid, Pfarrer von St. Georg bei Eisenach, Siegrid, Pfarrer von St. Marien bei Eisenach, Mainzer Diözese, delegierte Richter des Mainzer Stuhles, entscheiden, dass die Kapelle in Gilvershusen zur Pfarrei Iba gehöre, und sprechen die genannte Kapelle dem Ritter Boto von Gilvershusen ab, da dieser zwar behauptet hatte, er habe die genannte Kapelle von Abt Ludwig von Hersfeld zu Lehen, der Abt jedoch habe nachweisen können, dass der Ritter die Kapelle nicht zu Lehen habe."
>
> – Urkunde der Reichsabtei Hersfeld 31. März 1239[1] [2]

In den folgenden Jahren wechselte der Ortsname beständig, so waren Gilvershusen und Gylfershusen gebräuchlich, bis es dann dem Rotenburger Salbuch zufolge zu Gilwershausen wurde, was der heutigen Schreibweise am ehesten entspricht.

Der Ort war gemäß der ersten urkundlichen Erwähnung eine Untergliederung der Pfarrei Iba. Von 1278 an war Gilfershausen unabhängig vom Ibaer Kirchspiel. Mit der Reformation um das Jahr 1569 wurde das örtliche

Kirchspiel jedoch wieder an den östlichen Nachbarn angeschlossen. Nach 417-jähriger Zugehörigkeit, wurde Gilfershausen 1986 in das Kirchspiel Solz integriert.

Mit der hessischen Gebiets- und Verwaltungsreform wurde die ehemals selbstständige Gemeinde Gilfershausen mit Beginn des Jahres 1972 der Stadt Bebra angegliedert.[2]

Kirche

Die Gilfershäuser Kirche bildet mit ihrem massiven Turmbau und ihrer exponierten Lage den Mittelpunkt des Dorfes. Der Unterbau des Turmes und ein Großteil des Kirchenschiffes entstammen der Romanik. Der Turmoberbau wurde um 1250 errichtet. Im Stile der Gotik wurde schließlich das Kirchenschiff vollendet. Zu Anfang des 17. Jahrhunderts wurde die Kirche um einen hölzernen Turmaufsatz erweitert und der Chor ausgebaut. Den Innenraum der Kirche ziert kunstvoll bemaltes Schnitzwerk.

Die Gilfershäuser Kirche

Eine der beiden noch vorhandenen Kirchenglocken musste als Rohmaterial für die Kriegsproduktion des Ersten Weltkrieges 1917 abgegeben und eingeschmolzen werden.

Nach dem Ende des Zweiten Weltkrieges musste die Kirche für mehrere Jahre gesperrt werden, da die morsche Decke einbrach. Der Neueröffnung im Jahr 1949 gingen umfangreiche Renovierungsarbeiten voraus.

Einwohnerentwicklung

Gilfershäuser Bauernhof im Jahre 1907

Jahr	Einwohner
1538	95
1627	90
1639	9
1747	205
1851	350
1905	289
1939	369
1950	494
1970	405
1989	422
2005	434

Die sehr niedrige Einwohnerzahl von 1639 ist durch den Dreißigjährigen Krieg zu erklären. Auch Gilfershausen blieb durch die Kämpfe nicht verschont, so lebten 1639 im Ort nur noch 6 Männer und 3 Frauen. Nach dem Zweiten Weltkrieg ließen sich 95 Heimatvertriebene nieder, welche in den Folgejahren den Ort jedoch größtenteils wieder verließen.

Vereine

Das Gilfershäuser Vereinsleben ist von einer Vielzahl von Vereinen geprägt in denen etwa 630 Mitglieder organisiert sind[3] . Als ältester noch existierender Verein gilt der Gesangsverein Liedertafel 1887. Die Liedertafel ist Dach einer Vielzahl von Chören. Vom gemischten Chor, Kinder- und Jugendchören bis hinzu Acapella-Erwachsenenchören.

Der mitgliederstärkste Verein ist der FC Gilfershausen von 1964. Der Fußballclub trägt seit Mitte der 60er Jahre seine Spiele am Sportplatz in Gilfershausen aus und ist seit 1992 in einer Spielgemeinschaft mit Vereinen aus den Orten Asmushausen und Braunhausen organisiert.

Neben dem Fußball gibt es zwei weitere Sportvereine. In der Straße "Am Bühl" ist der Bühler Boccia-Club beheimatet und angrenzend an den Sportplatz der Rasenkraftsportverein Bebra.

In unmittelbarer Nähe des Dorfgemeinschaftshauses (DGH) liegt das Feuerwehrhaus der Freiwilligen Feuerwehr. Ebenfalls im DGH beherbergt ist der Schützenverein der Kyffhäuser-Kameradschaft Gilfershausen von 1905.

Die Gilfershäuser Vereine bilden mit Ausnahme des Rasenkraftsportvereins den *Arbeitskreis der Gilfershäuser Vereine*.

Dolles Dorf 2004

Erinnerungstafel „Dolles Dorf 2004“ am Ortseingang

Im Jahr 2004 erlangte Gilfershausen Aufmerksamkeit über regionale Grenzen hinaus, indem es am Wettkampf *Dolles Dorf* des Hessischen Rundfunks teilnahm und gewann. Über einen längeren Zeitraum wurde sowohl im Rundfunk als auch im Fernsehen über verschiedene hessische Dörfer berichtet.

In mehreren Entscheidungsrunden wurde, durch Telefonabstimmungen der Zuschauer, ein Tagessieger ermittelt welcher in die nächste Runde aufrückte. Die Teilnehmer rekrutierten sich aus den Dörfern die im Rahmen der *Hessenschau* unter dem Motto *Aufbruch in den Alltag* ausgelost und dokumentiert wurden. Im Finale, das anlässlich des Hessentages in Heppenheim stattfand, wurde der Sieger durch sportliche Aufgaben und Quizfragen ermittelt. Zudem floss die Meinung der Zuschauer mittels Telefonabstimmung in das Endergebnis ein.

Einzelnachweise

[1] Bebra, Chronik einer Stadt - 1989/90

[2] Festschrift zur 750-Jahrfeier Bebra-Gilfershausen, Albert Schmidt, 1990

[3] http://gilfershausen.de/html/arbeitskreis.html

Imshausen

Imshausen Stadt Bebra	
Koordinaten:	51° 0′ N, 9° 52′ O [1]Koordinaten: 50° 59′ 51″ N, 9° 51′ 42″ O [1]
Einwohner:	200
Eingemeindung:	1. Aug. 1972
Postleitzahl:	36179
Vorwahl:	06622

Imshausen ist ein Ortsteil von Bebra. Er liegt inmitten der waldreichen Hügellandschaft zwischen den nordhessischen Städten Bebra und Sontra und hat ca. 200 Einwohner.

Geschichte

Imshausen wurde erstmals 1278 in einer Urkunde des nahen Klosters Cornberg erwähnt und war schon früh ein Adelsdorf. Durch einen Park gelangt man zum Herrenhaus mit seinen Seitengebäuden. Dieses war lange Zeit der Imshäuser Sitz der Familie von Trott zu Solz. Das Herrenhaus wurde 1791, zwei Jahre nach der Französischen Revolution, in deutlicher Anlehnung an den damals dominierenden französischen Baustil im Übergang vom Rokoko zum Klassizismus, von Rudolf von Trott zu Solz und seiner Frau Eleonore Christiane erbaut.

Im *Herrenhaus* in Imshausen ist heute die *Stiftung Adam von Trott Imshausen* untergebracht.

Der bekannteste Bürger des Dorfes ist der Widerstandskämpfer Adam von Trott zu Solz, der mit seinen Eltern 1920–1921 im Herrenhaus wohnte. 1950–1995 war das Haus Sitz der von seiner Schwester Vera von Trott zu Solz gegründeten Kommunität Imshausen, die heute den Tannenhof oberhalb Imshausens bewohnt. Die Kommunität regte auch die Gründung der Stiftung Adam von Trott an, die heute das Herrenhaus und das benachbarte, durch den Ausbau einer ehemaligen Scheune entstandene Visser't Hooft-Haus als Tagungs- und Begegnungsstätte nutzt.

Nördlich Imshausens erinnert ein Gedenkkreuz an Adam von Trott zu Solz und die anderen am Attentat vom 20. Juli 1944 Beteiligten. Hier findet am Jahrestag des Attentats eine Gedenkfeier statt.

Gedenkstätte für Adam von Trott zu Solz bei Imshausen

Lüdersdorf_(Bebra)

Lüdersdorf	
Stadt Bebra	
Koordinaten:	50° 58′ N, 9° 46′ O [1]Koordinaten: 50° 57′ 38″ N, 9° 45′ 46″ O [1]
Höhe:	227–244 m ü. NN
Fläche:	8.54 km²
Einwohner:	184 (1988)
Eingemeindung:	1. Jan. 1972
Postleitzahl:	36179
Vorwahl:	06622

Lüdersdorf ist ein Ortsteil der Stadt Bebra im Landkreis Hersfeld-Rotenburg im Nordosten von Hessen.

Der Stadtteil Lüdersdorf liegt südwestlich der Kernstadt Bebra in einem Nebental der Fulda. Durch den Ort führt die Kreisstraße 60.

Erstmals schriftlich genannt wurde das Dorf in einer Urkunde der Propstei Blankenheim vom 5. Dezember 1337.

1939 hatte das Dorf 165 Einwohner. Es gehörte damals zum Landkreis Rotenburg. Mit der hessischen Gebiets- und Verwaltungsreform wurde Lüdersdorf mit Beginn des Jahres 1972 der Stadt Bebra angegliedert.

Weblinks

- Der Stadtteil auf www.bebra.de [2]
- Ortshomepage [2]

Rautenhausen

Rautenhausen Stadt Bebra	
Koordinaten:	51° 1′ N, 9° 50′ O [1]Koordinaten: 51° 1′ 25″ N, 9° 49′ 52″ O [1]
Höhe:	282–300 m ü. NN
Eingemeindung:	1. Jan. 1972
Postleitzahl:	36179
Vorwahl:	06622

Rautenhausen ist der kleinste Ortsteil der Stadt Bebra im Landkreis Hersfeld-Rotenburg im Nordosten von Hessen.

Der Stadtteil Rautenhausen liegt nordöstlich der Kernstadt Bebra im Richelsdorfer Gebirge. Südöstlich des Ortes verlaufen die Bundesstraße 27 zwischen Bebra und Sontra und die Bahnstrecke Bebra–Göttingen.

Im Jahre 1290 wurde der Ort erstmals urkundlich erwähnt. Um 1592 wurde die Kirche erbaut, die auf einer Anhöhe in der Ortsmitte steht.

Etwa 1,75 km ostnordöstlich des Dorfs, am nördlichen Rand der heutigen Gemarkung von Rautenhausen, befand sich im Talgrund beim heutigen Forsthaus das 1230 erstmals beurkundete und im 15. Jahrhundert wüst gefallene Dorf Bubenbach. Dort bestand ab etwa 1220 ein Beginenhaus, aus dem 1230 das Kloster Bubenbach hervorging. Die Nonnen zogen 1296 in das 1292-96 für sie neu errichtete, nur 1,5 km weiter nördlich gelegene Kloster Cornberg um.

1939 hatte Rautenhausen 164 Einwohner. Es gehörte damals zum Landkreis Rotenburg. Mit der hessischen Gebiets- und Verwaltungsreform wurde Rautenhausen mit Beginn des Jahres 1972 der Stadt Bebra angegliedert.

Weblinks

- Rautenhausen auf www.bebra.de [2]
- Rautenhausen im Historischen Ortslexikon des Landes Hessen [2]

Solz_(Bebra)

Solz Stadt Bebra	
Koordinaten:	51° 0′ N, 9° 53′ O [1]Koordinaten: 51° 0′ 16″ N, 9° 52′ 49″ O [1]
Höhe:	319–370 m ü. NN
Eingemeindung:	1. Jan. 1972
Postleitzahl:	36179
Vorwahl:	06627

Solz ist ein Ortsteil der Stadt Bebra im Landkreis Hersfeld-Rotenburg im Nordosten von Hessen.

Der Stadtteil Solz liegt nordöstlich der Kernstadt Bebra im Richelsdorfer Gebirge.

Solz wurde in einer Urkunde aus dem Jahre 960 erstmals erwähnt. 1939 hatte das Dorf 640 Einwohner. Es gehörte damals zum Landkreis Rotenburg. Mit der hessischen Gebiets- und Verwaltungsreform wurde Solz mit Beginn des Jahres 1972 der Stadt Bebra angegliedert.

Im Ort leben heute noch zwei Adelsfamilien, nämlich die Familien von Trott zu Solz und die Familie von Verschuer.

Solzer Kirche innerhalb der Burg

Herrenhaus unterhalb der Kirche

Herrenhaus oberhalb der Kirche

Sonstiges

- In Solz gibt es ein Spielzeugmuseum.

Persönlichkeiten

- August Friedrich Christian Vilmar (1800-1868) Theologe, geboren in Solz

Weblinks

- Ortshomepage [2]
- Spielzeugmuseum Solz [3]
- Gemeinde Bebra [4]
- Ortslexikon des Landes Hessen [5]

Weiterode

Weiterode	
Stadt Bebra	
Koordinaten:	50° 57′ N, 9° 49′ O [1]Koordinaten: 50° 57′ 13″ N, 9° 48′ 53″ O [1]
Höhe:	204 m
Fläche:	7.27 km²
Einwohner:	2344 (1. Jan. 2005)
Eingemeindung:	1. Aug. 1972
Postleitzahl:	36179
Vorwahl:	06622

Weiterode ist ein Dorf in Nordost-Hessen und seit 1972 Stadtteil von Bebra.

Blick auf Weiterode vom Aussichtspunkt „Stirnpilz"

Geografie

Geografische Lage

Weiterode liegt in Nordost-Hessen im Landkreis Hersfeld-Rotenburg und ist Stadtteil der Stadt Bebra. Das Dorf liegt am westlichen Ausgang des Ulfegrundes, wo Richelsdorfer Gebirge (im Norden) und Seulingswald (im Süden) zurücktreten und das Ulfetal in die Fulda-Aue bei Bebra einmündet. Seit rund 100 Jahren ist das Dorf von einem Schienendreieck der Eisenbahn vollkommen umschlossen. Nur durch Brücken gelangt man heute in den Ort. Weiterode war jahrhundertelang Kreuzungspunkt alter Handelsstraßen und Zollstation.

Nachbarorte von Weiterode sind im Uhrzeigersinn: Bebra (im Nordwesten), Iba, Ronshausen, Breitenbach. Die nächstgrößeren Städte sind zum einen Bad Hersfeld (ca. 15 km) und zum anderen Kassel und Fulda (jeweils ca. 60 km).

Ausdehnung und Einwohnerzahl

- Höhe: 204 m ü. NN
- Gesamtfläche: 727 ha
- Bebaute Fläche: 48 ha
- Einwohner 1852: 775
- Einwohner 1951: 2711
- Einwohner am 31. Dez. 2006: 2344

Geschichte

Urkundliche Ersterwähnung

Erstmals urkundlich erwähnt wurde Weiterode am 27. August 1057. Ursprünglich gehörte Weiterode zum Erzbistum Mainz als einziger Ort in der Gegend um Bad Hersfeld. Demgegenüber besaß Hersfeld in seinem Territorium das Dorf Schornsheim, das südlich von Mainz (Richtung Alzey) lag. Erzbischof Liutbold von Mainz und Abt Meginher von Hersfeld tauschten die beiden Orte der einfacheren Bewirtschaftung wegen gegeneinander aus. Als Vertragsschließende haben unterzeichnet: Liutbold, Erzbischof zu Mainz und Meginher, Abt der Hersfelder Kirche sowie 33 Zeugen. Verhandelt wurde dies am 27. August 1057 in Mainz auf Anordnung des Königs Heinrich IV. und mit Zustimmung des ehrwürdigen Erzbischof Liutbold sowie des Abtes Meginher.

Geschichtliche Eckdaten

Im Jahr 1344 gehörte Weiterode zu Hessen und lag in der Vogtei Ziegenhainisch.

1376 wurde in Dokumenten eine Burg erwähnt, auf die heute noch der Straßen- und Gemarkungsname Burgrain hindeutet. Seit 1502 gehörte Weiterode zum Amt Rotenburg und wurde später Gerichtsstuhl dieses Amtes für mehrere Ortschaften. In dieser Zeit fielen einige Orte im Umfeld wüst, unter anderem Stockhausen, Erdhausen und Rudolferode. Im Dreißigjährigem Krieg wurden Dorf und Kirche vom Heer geplündert.

Das bäuerliche Dorf Weiterode entwickelte sich im 18. und 19. Jahrhundert zu einem Leinenweberdorf und mit dem Bau der Eisenbahn um 1850 und dem aufstrebenden Bahnhof Bebra schließlich zu einem Eisenbahnerdorf. Seit dem Bau der sog. Umgehungsbahn schloss sich ein Gleisdreieck um Weiterode. Die stetige Aufwärtsentwicklung nach dem Zweiten Weltkrieg endete mit dem Niedergang des Bebraer Bahnhofs Mitte der 1980er Jahre.

1972 wurde Weiterode im Zuge der Gebietsreform der größte von insgesamt 11 Stadtteilen Bebras.

950 Jahrfeier 2007

Im Jahr 2007 feierte Weiterode in einer Festwoche vom 4. bis 12. August das 950-jährige Jubiläum der urkundlichen Ersterwähnung (August 1057, s. o.).

Politik

Das Verwaltungsorgan von Weiterode ist der Ortsbeirat, der von den Einwohnern am gleichen Wahltag wie die Stadtverordnetenversammlung Bebra gewählt wird. Der Vorsitzende des Ortsbeirates ist gleichzeitig Ortsvorsteher. Dieses Amt ist in Weiterode durch Georg Almeroth besetzt.

Kultur und Sehenswürdigkeiten

Gebäude

Kirche

Die Weiteröder Kirche wurde im 13. Jahrhundert gebaut, von diesem ursprünglichen Gebäude ist heute noch der Chorturm erhalten. Bei erheblichen baulichen Veränderungen im Jahr 1619 wurde der Altar nach Westen in das Kirchenschiff verlegt und ein Portal als Haupteingang in den Turm gebrochen. Nach der Verwüstung des Innenraumes während des Dreißigjährigen Krieges wurde die Wehrkirche ab 1719 gründlich erneuert und zählt seitdem zu den schönsten hessischen Landkirchen. Die noch heute bestehende Orgel wurde 1739 gebaut.

Orgel in der Weiteröder Kirche

Die unter dem Oberbegriff „Himmlische Musik“ bekannt gewordene barocke Deckenmalerei und die ausgemalten doppelstöckigen Emporen wurden in den Jahren 2003 und 2005 aufwendig restauriert.

Schule

Nach räumlicher Enge in älteren Schulgebäuden infolge wachsender Schülerzahl wurde 1933 eine moderne achtklassige Volksschule eingeweiht, die später zur Mittelpunktschule wurde. Heute ist die Weiteröder „Ulfetalschule“ eine vierzügige Grundschule.

Kirchengemeinde

Im Jahr 2006 hatte die evangelische Kirchengemeinde Weiterode 1711 Mitglieder. Am 25. September 2007 fanden die Kirchenvorstandswahlen statt, bei denen 8 Mitglieder gewählt worden sind.

Vereine

Insgesamt 28 Vereine und Verbände haben sich im Laufe der Zeit in Weiterode etabliert, darunter:

- 7 Sportvereine
- 4 Chöre
- 2 Musikgruppen
- 2 Hilfsorganisationen (Rotes Kreuz und Freiwillige Feuerwehr)
- 1 Jugendclub
- 1 Schützenverein
- Kulturverein "Ellis Saal", der überregionale Veranstaltungen organisiert
- Der "Heimatverein 1969 Weiterode" unterhält und pflegt die Freizeitanlage Burgrain mit Grillanlage und Schutzhütte, den Burgkräutergarten, drei Brunnen, den Aussichtspunkt Pilz und Meißnerblick sowie über 40 Rastbänke in der Weiteröder-Gemarkung.

Naherholung

Weiterode ist von Wald umgeben, in dem sich zahlreiche ausgeschilderte Wander- und Radwege befinden. Der Naherholung dienen außerdem die Anlagen des Heimatvereines, wie beispielsweise der Aussichtspunkt Stirnpilz, das Tretbecken Heiertal, Schutzhütten an Wanderwegen, der Kräutergarten am Burgrain sowie der Burgrainplatz mit Grillhütte und Waldlehrpfad. Außerdem befinden sich noch die Fuldawiesen, durch die die Fulda fließt, sowie das Baggerloch bei Breitenbach in unmittelbarer Nähe.

Regelmäßige Veranstaltungen

- Jährliches Kirmes- und Heimatfest am 3. Oktoberwochenende
- Sportwoche des ESV 1920 Weiterode im Mai
- Dorffest alle zwei Jahre im August

Infrastruktur und Wirtschaft

Verkehr

Straßenverkehr

Die größte Straße in Weiterode ist die Landesstraße 3251, die von Bebra nach Wildeck führt und einmal komplett durch Weiterode verläuft. Die nächstgrößeren Straßen in der Umgebung sind die Bundesstraße 27 sowie die Bundesstraße 83. Die nächstgelegenen Autobahnanschlussstellen sind die AS 34 (Wildeck-Hönebach) auf die Bundesautobahn 4 und die AS 83 (Malsfeld) auf die A 7. In Weiterode gibt es zwei Bushaltestellen, von denen allerdings hauptsächlich während der Schulzeit Busse zum Schülertransport fahren.

Schienenverkehr

Obwohl Weiterode komplett von Schienen umgeben ist, hat es keinen eigenen Bahnhof oder Bahnhaltepunkt. Der nächste Bahnhof ist in Bebra.

Weblinks

- Offizielle Homepage [2]

Article Sources and Contributors

Blankenheim_(Bebra) *Source*: http://de.wikipedia.org/w/index.php?title=Blankenheim_%28Bebra%29 *Contributors*: HieRo GlyPhe, Knochen, Leyo, Papa1234

Bebra *Source*: http://de.wikipedia.org/w/index.php?title=Bebra *Contributors*: Straight-Shoota, 100 Pro, 217, 2micha, AN, Achates, Aka, AleXXw, Alex1011, AlterWolf49, Anathema, Anonymus1212, Armin Schönewolf, BKSlink, Baird's Tapir, Björn Bornhöft, CDS, ChoG, Chrisfrenzel, Cproesser, Don Magnifico, DorisAntony, DscheJ-Ouh, Dummbeutel, Ebcdic, Elmar Nolte, Elop, Ememaef, Enslin, Entlinkt, Ephraim33, FEXX, Feetjen, Felix König, Goegeo, Guntscho, Hagrid, Heinte, Hejkal, HieRo GlyPhe, Holger I., Humpyard, Hystrix, Jcornelius, Jivee Blau, KBrenn, Kaisersoft, Karsten11, Kassander der Minoer, Klaus Jesper, Leit, MIBUKS, Malki1211, Markus Schulenburg, Matt1971, Mehlauge, Michael Sander, Mschade, Ne discere cessa!, Numbo3, Papa1234, PatriceNeff, Pfaerrich, Pfieffer Latsch, Reinhard Dietrich, Robert Weemeyer, SBT, SebastianBreier, Seewolf, Simon-Martin, Sinn, Snipermatze, Steschke, Sverrir Mirdsson, TOMM, Terabyte, Timm, Tintagel, Triebtäter, Tsor, Varina, Wahldresdner, Wo st 01, Zornfalke, Zweihundertzwölf, 80 anonymous edits

Landkreis_Hersfeld-Rotenburg *Source*: http://de.wikipedia.org/w/index.php?title=Landkreis_Hersfeld-Rotenburg *Contributors*: 2micha, AHZ, Ahoerstemeier, Aka, Andrew-k, Bear, Bonkel, Brühl, CDS, Definitiv, DerGraueWolf, Dietrich, Elop, Emha, Flups, Frank-m, Guntscho, Hagar66, Hannes Röst, Head, Holger I., Hydro, John Eff, JuergenL, Karsten11, Lady Whistler, Leit, Lung, Markus Schulenburg, Markus.zhang, Merops, Neuroca, NordNordWest, Numbo3, OttoK, Paddy, Pfieffer Latsch, Pm, Polarlys, Radschläger, Rauenstein, RedLeffer, Rosenzweig, Schlesinger, Schumir, Semper, Septembermorgen, Simon-Martin, Snipermatze, Sprachpfleger, Srbauer, Tintagel, Triebtäter, Varina, Video2005, Waelder, Weltbibliographie, Zeuke, 46 anonymous edits

Hessen *Source*: http://de.wikipedia.org/w/index.php?title=Hessen *Contributors*: -jha-, 1001, 24-online, 2micha, 36ophiuchi, 9xl, A.Ammersee, A.Savin, AF666, APPER, Achim F., Achim Jäger, Adler Wien, Aineias, Aka, AlexR, Alexander Z., Aljoscha, Aloiswuest, AndreasPraefcke, Androl, Andys, Andzet, AnhaltER1960, Apollo*, Armin P., Arthurios, Asdrubal, Asthma, Autour ducercle, Avoided, Azim, Baumst, Bazzy-83, Bdk, Bear, Beat22, Ben-Zin, Ben-nb, BenjiMantey, Bernard Ladenthin, Bernardoni, BertholdD, Bildungsbürger, BillBo, BinPaul, BishkekRocks, Bjung, Björn Bornhöft, Blaufisch, Blunt., Bommel13, Braunschweig MD, Breizh, Brian, Brot-knusprig, Brubacker, Brühl, Bubo bubo, Bullenwächter, Bzzz, Bücherwürmlein, Bürger-falk, Bürgerlicher Humanist, C.Löser, Callaghan, Callimachos, Capaci34, CarstenK, Cat, Cethegus, Chamblon, Chemd, Chincoteague, ChrisHamburg, Christian140, Christianju, Christoph Leeb, ChristosV, Chriztopf10, Citylover, Complex, Conny, Conversion script, Cosal, Csörföly D, Cuno.1, Cyper, D, DLiebisch, DaB., Dai, Daniel Endres, Dario09, Das Eierplätzchen des Todes, David Liuzzo, DavidG, Deaktiviert, Deggendorf, Dehaudi, Deluxeffm, Dennis140, Der Geo-Graf, DerHesse88, DerHexer, Diba, Dickel, Die tiefe blaue See, Dimosa, Don Magnifico, Dontworry, Dundak, Dzbank-kmmo, EC 113, ERWEH, Ebrownless, Echtner, Einstein 012, Eisenberg, Elendur, Elian, Eljots, Elop, Emha, Emkaer, Engie, Ephraim33, Eric 01, ErikDunsing, Erzbischof, Euku, Euphoriceyes, Euronaut, Exactness, Eynre, FP-Nano, FWHS, Feldfrei, Flo 1, Florian Adler, Florian Weber-alt, Flups, Freak-Line-Community, Freeek!, Friedrichheinz, Fristu, FritzG, Fusslkopp, Gamma9, Gancho, Gary Dee, Geof, Gerdsche, Gerhardvalentin, Gerrik, Glsystem, Gnom, Gnu1742, Gotibald, Guntscho, Gymi-1992, H.DuCern, H2OMy, HAH, HCKOESTER, HFMA, HIMBA, HaSee, Hajo Schröter-Naumann, Handlungsreisender, Hans J. Castorp, Hardenacke, Haring, Harro von Wuff, Harry20, Harry8, Hasenläufer, He3nry, Head, Hedavid, Heiko Engelke, Helenopel, HenrikHolke, Herr von Humboldt, Herr von Quack und zu Bornhöft, Herrick, Hessentagsbubi, Heuwin, Hgulf, Hmwpriv, Holger I., Horst, Hoss, Hs080258, Hubertl, Hunding, HurwiczRocks, Hydro, Ikar.us, Iogos82, Ipwaz2003, Island, Iste Praetor, Itti, J budissin, J. 'mach' wust, J.-H. Janßen, JCIV, JakobVoss, Java-Coffee, Jazin, Jazzman, Jed, Jergen, Jevermann, Jivee Blau, John, John Eff, Johnny Controletti, Johnny Yen, Jonasjosef, Joni, Jpp, JuTa, Juergen Bode, Junkermike, Jón, Kandschwar, Karl Konrad Weber, Karl-Henner, KarlTrebung, Karsten11, KatAssi, Katty, Kdwnv, Keichwa, Kickof, Kiker99, Kku, Knoerz, Koerpertraining, Koethnig, Kohte, Kolja21, Kornknox, Kov93, Krawi, Kuebi, Kurt Jansson, Käfigphysikerin, LEbg, LKD, Lantus, Laza, Leichtbau, Leit, Lencer, Liliana-60, LiterallySimon, Lobservateur, Logograph, Longbow4u, Lord Alton, Ludger1961, Luuva, MB-one, MF252, MIBUKS, MaEr, Macador, Madden, Magadan, Magnus Manske, Malula, Manny, MarcO84, Marccc, Marcl1984, Markus Schulenburg, Martin Bahmann, Martin Nagel, Marzahn, Maseltov, Mastad, Mathias Schindler, Matthiasb, Maus-78, Maveric149, Max Plenert, Mayem, MegaRa24, Melkom, MemoRockx, Mg-k, Michael Sander, Michael82, Mikue, Mikullovci11, Millbart, Mischo92, Mitternacht, Mju1975, Mnh, Mueller-hanau.de, Mulno, My name, N8mahl, Nainoa, Nassauer27, NatureKnowsBest, Nb, Nd, Nephelin, Neu1, Neuroca, Neutralstandpunkt, Ngowatchtransparent, NiTeChiLLeR, Nicolas17, Nicor, Nina, Nockel12, NordNordWest, Nordgau, Nroediger, NuemNam, OB, Obersachse, Ocrho, OecherAlemanne, Omnidom 999, Ot, P A, PVB, Paddy, Patrick Hollerbach, Pelagus, Pendulin, Perrak, Peter Fallis, Peter200, Pfieffer Latsch, PhHertzog, Philipendula, Philipp Sauermann, Philipp Wetzlar, Pit, Plantek, Platte, Polarlys, Primus von Quack, PsY.cHo, Purodha, Pwjg, Q344, Querido, RB 95, RJensch, RKKS, RacoonyRE, Rainer Driesen, Rainer Lippert, Raison d'etre, Ratzer, Rauenstein, Rax, Rdb, Rec, ReclaM, Regi51, Reinhard Kraasch, Rita Albrecht, Robert Weemeyer, Robertius, Rolf48, Romwriter, Ronald M. F., Rosa Lux, Rosendorn, Roterraecher, Rp., Rufus46, Rusti, Rübenmensch, S-mia44, S.Didam, S4uri3r, SAKHS, SBT, SPKirsch, STBR, Saemann, Sargoth, SchirmerPower, Schlurcher, Schmitty, Schoopr, Schäfer-Hartmann, Scooter, Sechmet, Seewolf, Semper, Septembermorgen, Sevofluran, Sewa, Shoshone, Sicherlich, Siku-Sammler, Silversurfer83, Silwek, Simeon Kienzle, Simpsonsfan2, Sinn, Sir James, Skraemer, Skriptor, Sky82, Slomox, Smial, Smurf, Solid State, Soundray, Spazion, SpecialEd, Sphaerodactylus, Spuk968, Sschuste, StG1990, Stargaming, Stauba, Stefan Kühn, Stefan h, StefanAndres, StefanC, StefanL, StefanW, Stepri2003, Steschke, StillesGrinsen, Str1977, Störfix, Svenman, TMg, TUBS, Tafkas, Talaris, Taraxacum, TheWolf, ThomasHofmann, Thommess, Thomy3k, Thorbjoern, TigerDriver, Tilla, Times, Timmy, Tintagel, Toertsche, Torwartfehler, Trickstar, Triebtäter, Tzzzpfff, Tönjes, Ulamm, Unscheinbar, Unukorno, Urbanquest, Uwe Ackermann, Uwe Gille, VBremer, Varulv, Volkolegrand, Vonsoeckchen, WAH, WWasser, Waelder, Wahldresdner, WeißNix, Westiandi, Wiki-Hypo, WikiBene, WikiNight, Wikifreund, Wikisearcher, WilhelmRosendahl, Winne, Woertche.Leo, Wolfgang H., Wolfgang Pehlemann, WorkStation, Wst, Xanson, Xls, Xocolatl, YPS, YourEyesOnly, Z thomas, Zaphiro, Zeuke, Ziegelbrenner, Zollernalb, Zvpunry, p5080E41D.dip0.t-ipconnect.de, p5080E52F.dip0.t-ipconnect.de, Στε φ, 1120 anonymous edits

Richelsdorfer_Gebirge *Source*: http://de.wikipedia.org/w/index.php?title=Richelsdorfer_Gebirge *Contributors*: 2micha, AF666, Carbenium, Cosal, DanielHerzberg, Elop, Enslin, HaSee, Inkowik, Lofor, MIBUKS, Metilsteiner, Michael Sander, NordNordWest, Papa1234, Radschläger, Revolus, Snipermatze, TOMM, Tschild, TuerckD, Wiki-Hypo, 6 anonymous edits

Fulda_(Fluss) *Source*: http://de.wikipedia.org/w/index.php?title=Fulda_%28Fluss%29 *Contributors*: 2micha, Aeggy, Ahnungsloser, Alex1011, Andreas56, AxelHH, BICYCLE, Beyer, Binternagel, Brühl, CDS, Chemd, Ciciban, Cosal, DSC, Daniel FR, Dark meph, Der Schober, DerHexer, Elop, Euku, EvaK, Finwill, Florian K, FrancMent, Frokor, Generator, Goldzahn, Graoully, Hablu, Halloween, Hans G. Oberlack, He3nry, HenrikHolke, Herzi Pinki, Hewa, Holger Gruber, Horst bei Wiki, Hydro, Inkowik, Invisigoth67, JeLuF, Jkbw, John Eff, JuTa, KaHe, Kai11, Keichwa, Kjunix, Klaus Jesper, Kreuzschnabel, Lady Whistler, Langec, Langläufer, Lateiner, Logograph, MIBUKS, Magadan, Malula, Martin Aggel, MathePeter, Matthiasb, MdE, Mediendienst, Michael32710, Mircea, Muschelschubser, Nordstjernen, Olaf Studt, Olei, Olof Hreiðarsson, Panter Rei, Papa1234, Parvus77, Pelz, Peterlustig, Pm, QBay, Radschläger, Rauenstein, Rax, Reinhard Kraasch, RoBri, SBT, Sarkana, Schieber, Schleusenwaerter, Schubbay, Schweini11, SehLax, Silvicola, Starkstrombastler, Steinbach, SteveK, Stevie94, Störfix, Sven-steffen arndt, TOMM, ThSpeck, Triebtäter (MMX), Tsor, Uwe Gille, Varulv, WWasser, YPS, Zaphiro, Zbisasimone, Zeuke, 110 anonymous edits

Bundesstraße_27 *Source*: http://de.wikipedia.org/w/index.php?title=Bundesstra%C3%9Fe_27 *Contributors*: Straight-Shoota, 2micha, Abena, AlterVista, Androl, Anne Neumann, Asdert, Augiasstallputzer, Benjamin.nagel, Bildungsbürger, BjörnN, Blaufisch, Brühl, Christian1985, Corradox, DHaegaer, Daniel749, Dark meph, Dick Tracy, Dänner, Sebastian, Ehrhardt, Ememaef, Enslin, ErikDunsing, Farino, Filzstift, FloSch, Florian Adler, Fomafix, Frank C. Müller, Frans Bosch, Fristu, Gabor, Gehirnpfirsich, Gehtanmich, Ghettomichi, Godofgad, Guffi, Gulp, Gunnar1m, H0m3r, HaSee, Haberlon, Hansele, Hasee, Hasenwedel, Heini Woldschläger, Hejkal, Holger I., Holger1974, Huste, Hx87, Imzadi, Ingh, John Eff, Kapitän Nemo, Karlo, Ketsu, Kjunix, Klaus Jesper, Kleopatra100, Körperklaus, Labant, Laza, Lcm121, Leit, Lenni-2011, Macia11, Mainpage, Manuel Heinemann, Matthiasb, Matzematik, Mgehrmann, Mheim, Moros, Muck31, Mustèr, Max, NearEMPTiness, Necrophorus, Nehrener, Netnet, Nono64, PanchoS, Papa1234, Patrik Zeh, PhHertzog, Pm, Proofreader, Radschläger, Rainer Lippert, Redline is courtage, ReqEngineer, Richtest, Rollerbär, SamyStyle, Schlaule, Schmelzle, Schnecke12, Schumir, Skraemer, Slartibartfass, Smily1306, Spuk968, StephanKetz, TOMM, Umweltschützen, Varina, Video2005, WDText, WOBE3333, Waelder, Wiesel, Wilske, Yihaa, Yxcvbnm69, Zicera, Zollernalb, Ĝù, 88 anonymous edits

Bahnstrecke_Göttingen–Bebra *Source*: http://de.wikipedia.org/w/index.php?title=Bahnstrecke_G%C3%B6ttingen%E2%80%93Bebra *Contributors*: Straight-Shoota, Alkibiades, Aloiswuest, Axpde, Bahnfan1, Bahnthaler, Bigbug21, Blaubaer54, Boonekamp, Brill58, Coast path, Dealerofsalvation, Don Magnifico, Elvaube, Ferrovia, Fomafix, Gamba, Grahamec, Grey Geezer, Gunnar1m, HaSee, HieRo GlyPhe, Hmwpriv, Humpyard, Hydro, Inkowik, Jahn Henne, Joni, Kresspahl, Köhl1, Leit, Matthiasb, Mechanicus, Mef.ellingen, Michael Sander, Niteshift, Papa1234, Pretobras, Quedel, Radschläger, Reinhard Dietrich, Robert Weemeyer, Simon-Martin, Sternweh, Uwe Gille, 24 anonymous edits

Landkreis_Rotenburg_(Fulda) *Source*: http://de.wikipedia.org/w/index.php?title=Landkreis_Rotenburg_%28Fulda%29 *Contributors*: Cosal, Definitiv, Glsystem, Inkowik, Markus Schulenburg

Gebietsreform_in_Hessen *Source*: http://de.wikipedia.org/w/index.php?title=Gebietsreform_in_Hessen *Contributors*: Aka, Amoeba, Andrew-k, Beisskatze, Brühl, Cosal, DrDooBig, Elop, Gary Dee, Glsystem, Gustav moenus, Hagrid, Harry8, Hewa, JFH-52, Karsten11, Laotse, Leit, Leoga, M.ottenbruch, MB-one, Magadan, Nixred, Nolispanmo, Q'Alex, Seewolf, THHH, Torwartfehler, Triebtäter, VanRaz, Århus, 14 anonymous edits

Asmushausen *Source*: http://de.wikipedia.org/w/index.php?title=Asmushausen *Contributors*: HieRo GlyPhe, NordNordWest, Papa1234, 5 anonymous edits

Braunhausen *Source*: http://de.wikipedia.org/w/index.php?title=Braunhausen *Contributors*: HieRo GlyPhe, Papa1234

Breitenbach_(Bebra) *Source*: http://de.wikipedia.org/w/index.php?title=Breitenbach_%28Bebra%29 *Contributors*: 2micha, AN, Aerosoul, Aka, Allgaiar, AlphaCentauri, Arbatax, Ben Ben, CommonsDelinker, Enslin, Feba, Gudrun Meyer, Guffi, HaSee, Heiko, Hessenbub, HieRo GlyPhe, Jed, JuTa, Kassander der Minoer, Klaus Jesper, Leckwelle, Leit, Malki1211, MarkusHagenlocher, Mbdortmund, Mef.ellingen, Muck31, Nassauer27, Papa1234, Peterwuttke, Rax, Regi51, Schmelzle, Septembermorgen, Snipermatze, Srbauer, StefanW, StillesGrinsen, Tafkas, Umherirrender, WikiJourney, Wikijunkie, Zeuke, 50 anonymous edits

Gilfershausen *Source*: http://de.wikipedia.org/w/index.php?title=Gilfershausen *Contributors*: ++gardenfriend++, 2micha, Aka, Beelzebubs Grandson, Chleo, Diba, EWriter, Elop, HaSee, HieRo GlyPhe, Johnny Controletti, Kam Solusar, Klaus Jesper, Krawi, Leit, Malki1211, Nassauer27, Papa1234, Polarlys, Querverplänkler, Roterraecher, Rufus46, Septembermorgen, Snipermatze, Wst, 23 anonymous edits

Imshausen *Source*: http://de.wikipedia.org/w/index.php?title=Imshausen *Contributors*: Dendroaspis, Elmar Nolte, Goesseln, HieRo GlyPhe, Hydro, Nepomucki, Papa1234, Snipermatze, Tmtriumph, Umherirrender, 1 anonymous edits

Lüdersdorf_(Bebra) *Source*: http://de.wikipedia.org/w/index.php?title=L%C3%BCdersdorf_%28Bebra%29 *Contributors*: HieRo GlyPhe, Inkowik, JWBE, Papa1234

Rautenhausen *Source*: http://de.wikipedia.org/w/index.php?title=Rautenhausen *Contributors*: Cosal, HieRo GlyPhe, Papa1234

Solz_(Bebra) *Source*: http://de.wikipedia.org/w/index.php?title=Solz_%28Bebra%29 *Contributors*: Docmo, HieRo GlyPhe, Papa1234, PeterGuhl, Snipermatze, 9 anonymous edits

Weiterode *Source*: http://de.wikipedia.org/w/index.php?title=Weiterode *Contributors*: ANKAWÜ, Aka, Anred, Apfeltorte, DasBee, Felix Stember, Gerbil, HaSee, HieRo GlyPhe, Howwi, Hydro, Klaus Jesper, Leit, Malki1211, Mschade, MyNoirSpirit, Neddy90, Papa1234, Pelz, Rufus46, Septembermorgen, Sinn, Snipermatze, Video2005, 21 anonymous edits

Image Sources, Licenses and Contributors

Datei:Blankenheim Kapelle.jpg *Source*: http://de.wikipedia.org/w/index.php?title=Datei:Blankenheim_Kapelle.jpg *License*: unknown *Contributors*: user:SBT

Datei:Wappen Bebra.png *Source*: http://de.wikipedia.org/w/index.php?title=Datei:Wappen_Bebra.png *License*: unknown *Contributors*: User:Steschke

Datei:Altes Rathaus Bebra.jpg *Source*: http://de.wikipedia.org/w/index.php?title=Datei:Altes_Rathaus_Bebra.jpg *License*: unknown *Contributors*: User:Klaus Jesper

Datei:Bahnhof Bebra 1875.jpg *Source*: http://de.wikipedia.org/w/index.php?title=Datei:Bahnhof_Bebra_1875.jpg *License*: unknown *Contributors*: Unbekannt

Datei:Evangelische Kirche Bebra.jpg *Source*: http://de.wikipedia.org/w/index.php?title=Datei:Evangelische_Kirche_Bebra.jpg *License*: unknown *Contributors*: User:Klaus Jesper

Datei:Bebra Rathaus.jpeg *Source*: http://de.wikipedia.org/w/index.php?title=Datei:Bebra_Rathaus.jpeg *License*: unknown *Contributors*: Klaus Jesper

Datei:Bebra Wasserturm.jpeg *Source*: http://de.wikipedia.org/w/index.php?title=Datei:Bebra_Wasserturm.jpeg *License*: unknown *Contributors*: Klaus Jesper

Datei:Bebra 103.jpg *Source*: http://de.wikipedia.org/w/index.php?title=Datei:Bebra_103.jpg *License*: unknown *Contributors*: Ferdinand Porsche, Kneiphof, Qualle, Siegele Roland, Steffen M., 1 anonymous edits

Datei:August von Trott zu Solz.JPG *Source*: http://de.wikipedia.org/w/index.php?title=Datei:August_von_Trott_zu_Solz.JPG *License*: unknown *Contributors*: unknown; rights owned by the Trott Family Original uploader was Suedwester93 at de.wikipedia

Datei:Wappen Landkreis Hersfeld-Rotenburg.png *Source*: http://de.wikipedia.org/w/index.php?title=Datei:Wappen_Landkreis_Hersfeld-Rotenburg.png *License*: unknown *Contributors*: User:Rosenzweig

Datei:Locator map HEF in Germany.svg *Source*: http://de.wikipedia.org/w/index.php?title=Datei:Locator_map_HEF_in_Germany.svg *License*: unknown *Contributors*: User:TUBS

Bild:Hesse HEF.svg *Source*: http://de.wikipedia.org/w/index.php?title=Datei:Hesse_HEF.svg *License*: unknown *Contributors*: User:Hagar66

Datei:Hersfeld landratsamt.jpg *Source*: http://de.wikipedia.org/w/index.php?title=Datei:Hersfeld_landratsamt.jpg *License*: unknown *Contributors*: 2micha

Datei:karl ernst schmidt hersfeld.jpg *Source*: http://de.wikipedia.org/w/index.php?title=Datei:Karl_ernst_schmidt_hersfeld.jpg *License*: unknown *Contributors*: 2micha

Datei:Waldhessen.svg *Source*: http://de.wikipedia.org/w/index.php?title=Datei:Waldhessen.svg *License*: unknown *Contributors*: Akkakk, Leyo, Mef.ellingen, Snipermatze

Bild:Gemeinden in HEF.svg *Source*: http://de.wikipedia.org/w/index.php?title=Datei:Gemeinden_in_HEF.svg *License*: unknown *Contributors*: User:NordNordWest

Datei:Flag of Hesse.svg *Source*: http://de.wikipedia.org/w/index.php?title=Datei:Flag_of_Hesse.svg *License*: unknown *Contributors*: Anime Addict AA, Burts, F. F. Fjodor, Gepardenforellenfischer, Gryffindor, Madden, Mogelzahn, Ms2ger, Phlegmatic, Pumbaa80, Rtc, ZH2010

Bild:Locator map Hesse in Germany.svg *Source*: http://de.wikipedia.org/w/index.php?title=Datei:Locator_map_Hesse_in_Germany.svg *License*: unknown *Contributors*: User:TUBS

Datei:Coat of arms of Hesse.svg *Source*: http://de.wikipedia.org/w/index.php?title=Datei:Coat_of_arms_of_Hesse.svg *License*: unknown *Contributors*: Darwinius, Ewan McTeagle, F. F. Fjodor, Frombenny, Madden, Mogelzahn, Rauenstein, Túrelio

Datei:Landkreise Hessen.svg *Source*: http://de.wikipedia.org/w/index.php?title=Datei:Landkreise_Hessen.svg *License*: unknown *Contributors*: User:NordNordWest

Datei:Taunus von Karben.jpg *Source*: http://de.wikipedia.org/w/index.php?title=Datei:Taunus_von_Karben.jpg *License*: unknown *Contributors*: User MdE on de.wikipedia

Datei:Rhönlandschaft bei Tann.JPG *Source*: http://de.wikipedia.org/w/index.php?title=Datei:Rhönlandschaft_bei_Tann.JPG *License*: unknown *Contributors*: User:RudolfSimon

Datei:Rhein stromabwärts bei Erbach im Rheingau mit Insel Mariannenau Hessen Landesgrenze Rheinland-Pfalz links - Foto Wolfgang Pehlemann Wiesbaden Photo IMG 0274.jpg *Source*: http://de.wikipedia.org/w/index.php?title=Datei:Rhein_stromabwärts_bei_Erbach_im_Rheingau_mit_Insel_Mariannenau_Hessen_Landesgrenze_Rheinland-Pfalz_links_-_Foto_Wolfgang_Pehlemann_Wiesbaden_Photo *License*: unknown *Contributors*: User:Wolfgang Pehlemann

Datei:Talsperre Edersee Staustufe in Hessen - Foto Wolfgang Pehlemann Wiesbaden DSCN1006.jpg *Source*: http://de.wikipedia.org/w/index.php?title=Datei:Talsperre_Edersee_Staustufe_in_Hessen_-_Foto_Wolfgang_Pehlemann_Wiesbaden_DSCN1006.jpg *License*: unknown *Contributors*: User:Wolfgang Pehlemann

Datei:Fuldaer Dom 028a.jpg *Source*: http://de.wikipedia.org/w/index.php?title=Datei:Fuldaer_Dom_028a.jpg *License*: unknown *Contributors*: Florian K. Original uploader was Florian K at de.wikipedia

Bild:Grune Sosse (Nordhessisch).JPG *Source*: http://de.wikipedia.org/w/index.php?title=Datei:Grune_Sosse_(Nordhessisch).JPG *License*: unknown *Contributors*: Codc

Bild:Ahle Wurst.jpg *Source*: http://de.wikipedia.org/w/index.php?title=Datei:Ahle_Wurst.jpg *License*: unknown *Contributors*: User:Hydro

Datei:Apfelwein Geripptes Bembel.jpg *Source*: http://de.wikipedia.org/w/index.php?title=Datei:Apfelwein_Gerippte s_Bembel.jpg *License*: unknown *Contributors*: User:EvaK

Datei:Wiesbaden Landtag Hessen im Stadtschloß Wiesbaden am Schloßplatz - Foto Wolfgang Pehlemann Wiesbaden DSCN1417.jpg *Source*: http://de.wikipedia.org/w/index.php?title=Datei:Wiesbaden_Landtag_Hessen_im_Stadtschloß_Wiesbaden_am_Schloßplatz_-_Foto_Wolfgang_Pehlemann_Wiesbaden_DSCN1417.jpg *License*: unknown *Contributors*: User:Wolfgang Pehlemann

Datei:Hessische Staatskanzlei Kranzplatz Hessen Wiesbaden.jpg *Source*: http://de.wikipedia.org/w/index.php?title=Datei:Hessische_Staatskanzlei_Kranzplatz_Hessen_Wiesbaden.jpg *License*: unknown *Contributors*: Wolfgang Pehlemann Wiesbaden Germany. Original uploader was Wolfgang Pehlemann at de.wikipedia

Datei:Hessischer Landtag 2009.svg *Source*: http://de.wikipedia.org/w/index.php?title=Datei:Hessischer_Landtag_2009.svg *License*: unknown *Contributors*: , originally

Datei:Volker bouffier.jpg *Source*: http://de.wikipedia.org/w/index.php?title=Datei:Volker_bouffier.jpg *License*: unknown *Contributors*: CDU Kreisverband Gießen

Datei:Blason de l'Aquitaine et de la Guyenne.svg *Source*: http://de.wikipedia.org/w/index.php?title=Datei:Blason_de_l'Aquitaine_et_de_la_Guyenne.svg *License*: unknown *Contributors*: User:Peter17

Datei:Flag of France.svg *Source*: http://de.wikipedia.org/w/index.php?title=Datei:Flag_of_France.svg *License*: unknown *Contributors*: User:SKopp, User:SKopp, User:SKopp, User:SKopp, User:SKopp, User:SKopp

Datei:Bursa Turkey Provinces locator.jpg *Source*: http://de.wikipedia.org/w/index.php?title=Datei:Bursa_Turkey_Provinces_locator.jpg *License*: unknown *Contributors*: Bkell, Florenco, Nosferatü

Datei:Flag of Turkey.svg *Source*: http://de.wikipedia.org/w/index.php?title=Datei:Flag_of_Turkey.svg *License*: unknown *Contributors*: User:Dbenbenn

Datei:Regione-Emilia-Romagna-Stemma.svg *Source*: http://de.wikipedia.org/w/index.php?title=Datei:Regione-Emilia-Romagna-Stemma.svg *License*: unknown *Contributors*: User:F l a n k e r

Datei:Flag of Italy.svg *Source*: http://de.wikipedia.org/w/index.php?title=Datei:Flag_of_Italy.svg *License*: unknown *Contributors*: see below

Datei:Coat of arms of Yaroslavl Oblast.png *Source*: http://de.wikipedia.org/w/index.php?title=Datei:Coat_of_arms_of_Yaroslavl_Oblast.png *License*: unknown *Contributors*: М. Ю. Медведев, Г. В. Калашников, Д. В. Иванов

Datei:Flag of Russia.svg *Source*: http://de.wikipedia.org/w/index.php?title=Datei:Flag_of_Russia.svg *License*: unknown *Contributors*: Zscout370

Datei:POL województwo wielkopolskie COA.svg *Source*: http://de.wikipedia.org/w/index.php?title=Datei:POL_województwo_wielkopolskie_COA.svg *License*: unknown *Contributors*: User:Bastianow

Datei:Flag of Poland.svg *Source*: http://de.wikipedia.org/w/index.php?title=Datei:Flag_of_Poland.svg *License*: unknown *Contributors*: User:Mareklug, User:Wanted

Datei:Seal of Wisconsin.svg *Source*: http://de.wikipedia.org/w/index.php?title=Datei:Seal_of_Wisconsin.svg *License*: unknown *Contributors*: User:Svgalbertian

Datei:Flag of the United States.svg *Source*: http://de.wikipedia.org/w/index.php?title=Datei:Flag_of_the_United_States.svg *License*: unknown *Contributors*: User:Dbenbenn, User:Indolences, User:Jacobolus, User:Technion, User:Zscout370

Datei:Flag of Hesse (state).svg *Source*: http://de.wikipedia.org/w/index.php?title=Datei:Flag_of_Hesse_(state).svg *License*: unknown *Contributors*: Burts, Gepardenforellenfischer, Gryffindor, Knorrepoes, Madden, Mogelzahn, Phlegmatic, Pumbaa80

Datei:Hessische Landesregierung.svg *Source*: http://de.wikipedia.org/w/index.php?title=Datei:Hessische_Landesregierung.svg *License*: unknown *Contributors*: Akkakk, DavidG, Emha

Datei:Hessenzeichen-rot2.PNG *Source*: http://de.wikipedia.org/w/index.php?title=Datei:Hessenzeichen-rot2.PNG *License*: unknown *Contributors*: Das Land Hessen / State of Hesse

Datei:Logo de-hessen1.png *Source*: http://de.wikipedia.org/w/index.php?title=Datei:Logo_de-hessen1.png *License*: unknown *Contributors*: Das Land Hessen / State of Hesse

Datei:Wiesbaden Luftbild Rathaus Landtag Marktkirche Wilhelmstraße Kurhaus Neroberg Opelbad Griechische Kapelle.jpg *Source*: http://de.wikipedia.org/w/index.php?title=Datei:Wiesbaden_Luftbild_Rathaus_Landtag_Marktkirche_Wilhelmstraße_Kurhaus_Neroberg_Opelbad_Griechische_Kapelle.jpg *License*: unknown *Contributors*: Wolfgang Pehlemann Wiesbaden Germany Original uploader was Wolfgang Pehlemann at de.wikipedia

Datei:Luftbild Darmstadt 2003.jpg *Source*: http://de.wikipedia.org/w/index.php?title=Datei:Luftbild_Darmstadt_2003.jpg *License*: unknown *Contributors*: photographer Christoph Wagener; edited by LSDSL

Datei:Frankfurt am Main Skyline - Foto Wolfgang Pehlemann Wiesbaden DSCN0717.jpg *Source*: http://de.wikipedia.org/w/index.php?title=Datei:Frankfurt_am_Main_Skyline_-_Foto_Wolfgang_Pehlemann_Wiesbaden_DSCN0717.jpg *License*: unknown *Contributors*: Wolfgang Pehlemann

Datei:Frankfurt Main Hauptbahnhof 6229.jpg *Source*: http://de.wikipedia.org/w/index.php?title=Datei:Frankfurt_Main_Hauptbahnhof_6229.jpg *License*: unknown *Contributors*: Jerry Fischer. Original uploader was Jerry Fischer at de.wikipedia

Datei:Hessen Flughäfen und Landeplätze.png *Source*: http://de.wikipedia.org/w/index.php?title=Datei:Hessen_Flughäfen_und_Landeplätze.png *License*: unknown *Contributors*: User:Lencer

Datei:Frankfurt am Main Hessen Germany Skyline der Banken und Versicherungen 2005 Foto Wolfgang Pehlemann Wiesbaden PICT0038.jpg *Source*: http://de.wikipedia.org/w/index.php?title=Datei:Frankfurt_am_Main_Hessen_Germany_Skyline_der_Banken_und_Versicherungen_2005_Foto_Wolfgang_Pehlemann_Wiesbaden_PICT0038.jpg *License*: unknown *Contributors*: User:Wolfgang Pehlemann

Datei:MJL Waldstadion 2006 2.jpg *Source*: http://de.wikipedia.org/w/index.php?title=Datei:MJL_Waldstadion_2006_2.jpg *License*: unknown *Contributors*: Johannes Löw (WP.de: Mo4jolo)

Datei:Verlaufskarte Fulda.png *Source*: http://de.wikipedia.org/w/index.php?title=Datei:Verlaufskarte_Fulda.png *License*: unknown *Contributors*: User:Lencer

Datei:fulda_fluss_hersfeld.jpg *Source*: http://de.wikipedia.org/w/index.php?title=Datei:Fulda_fluss_hersfeld.jpg *License*: unknown *Contributors*: 2micha

Datei:Hier_entspringt_die_Fulda.JPG *Source*: http://de.wikipedia.org/w/index.php?title=Datei:Hier_entspringt_die_Fulda.JPG *License*: unknown *Contributors*: Florian K. Original uploader was Florian K at de.wikipedia

Datei:Inschrift-Fuldaquelle.jpg *Source*: http://de.wikipedia.org/w/index.php?title=Datei:Inschrift-Fuldaquelle.jpg *License*: unknown *Contributors*: User:Kreuzschnabel

Datei:Kassel_Fuldasteg.jpg *Source*: http://de.wikipedia.org/w/index.php?title=Datei:Kassel_Fuldasteg.jpg *License*: unknown *Contributors*: 2micha, Andrew-k, Eistreter, Mazbln, Ronaldino

Datei:Fulda1.JPG *Source*: http://de.wikipedia.org/w/index.php?title=Datei:Fulda1.JPG *License*: unknown *Contributors*: User:Olof Hreiðarsson

Datei:Fulda KS.JPG *Source*: http://de.wikipedia.org/w/index.php?title=Datei:Fulda_KS.JPG *License*: unknown *Contributors*: User:Olof Hreiðarsson

Datei:Rotenburg fulda schleuse.jpg *Source*: http://de.wikipedia.org/w/index.php?title=Datei:Rotenburg_fulda_schleuse.jpg *License*: unknown *Contributors*: 2micha

Datei:Weserstein 2.jpg *Source*: http://de.wikipedia.org/w/index.php?title=Datei:Weserstein_2.jpg *License*: unknown *Contributors*: Thomas Robbin Original uploader was ThSpeck at de.wikipedia

Datei:Rotenburg Fulda Fulda.jpg *Source*: http://de.wikipedia.org/w/index.php?title=Datei:Rotenburg_Fulda_Fulda.jpg *License*: unknown *Contributors*: user:SBT

Datei:Fulda v Viadukt Guntershausen 20060910.jpg *Source*: http://de.wikipedia.org/w/index.php?title=Datei:Fulda_v_Viadukt_Guntershausen_20060910.jpg *License*: unknown *Contributors*: K. Jähne

Datei:Bundesstraße 27 number.svg *Source*: http://de.wikipedia.org/w/index.php?title=Datei:Bundesstraße_27_number.svg *License*: unknown *Contributors*: User:3247, User:3247

Datei:European Road 531 number DE.svg *Source*: http://de.wikipedia.org/w/index.php?title=Datei:European_Road_531_number_DE.svg *License*: unknown *Contributors*: User:RI91

Datei:B027 Verlauf.svg *Source*: http://de.wikipedia.org/w/index.php?title=Datei:B027_Verlauf.svg *License*: unknown *Contributors*: Macia11

Datei:B27 Stuttgart-Sonnenberg 20071029.jpg *Source*: http://de.wikipedia.org/w/index.php?title=Datei:B27_Stuttgart-Sonnenberg_20071029.jpg *License*: unknown *Contributors*: K. Jähne

Datei:B 27 Grenz-Denkmal.JPG *Source*: http://de.wikipedia.org/w/index.php?title=Datei:B_27_Grenz-Denkmal.JPG *License*: unknown *Contributors*: User:Corradox

Datei:B027 FD BB.PNG *Source*: http://de.wikipedia.org/w/index.php?title=Datei:B027_FD_BB.PNG *License*: unknown *Contributors*: Kapitän Nemo

Datei:B27 Tübingen.jpg *Source*: http://de.wikipedia.org/w/index.php?title=Datei:B27_Tübingen.jpg *License*: unknown *Contributors*: User:Benjamin.nagel

Datei:Stuttgart-pragsatteltunnel-2006-06-05-bigcat.jpg *Source*: http://de.wikipedia.org/w/index.php?title=Datei:Stuttgart-pragsatteltunnel-2006-06-05-bigcat.jpg *License*: unknown *Contributors*: bigcat

Datei:BSicon STR.svg *Source*: http://de.wikipedia.org/w/index.php?title=Datei:BSicon_STR.svg *License*: unknown *Contributors*: &

Datei:BSicon ABZlg.svg *Source*: http://de.wikipedia.org/w/index.php?title=Datei:BSicon_ABZlg.svg *License*: unknown *Contributors*: User:Lantus

Datei:BSicon ABZdg.svg *Source*: http://de.wikipedia.org/w/index.php?title=Datei:BSicon_ABZdg.svg *License*: unknown *Contributors*: User:Lantus

Datei:BSicon BHF.svg *Source*: http://de.wikipedia.org/w/index.php?title=Datei:BSicon_BHF.svg *License*: unknown *Contributors*: Bernina & axpde

Datei:BSicon WBRÜCKE.svg *Source*: http://de.wikipedia.org/w/index.php?title=Datei:BSicon_WBRÜCKE.svg *License*: unknown *Contributors*: user:axpde

Datei:BSicon ABZlf.svg *Source*: http://de.wikipedia.org/w/index.php?title=Datei:BSicon_ABZlf.svg *License*: unknown *Contributors*: User:Lantus

Datei:BSicon KRZu.svg *Source*: http://de.wikipedia.org/w/index.php?title=Datei:BSicon_KRZu.svg *License*: unknown *Contributors*: user:axpde

Datei:BSicon DST.svg *Source*: http://de.wikipedia.org/w/index.php?title=Datei:BSicon_DST.svg *License*: unknown *Contributors*: $traight-$hoota, Axpde, Bernina

Datei:BSicon SBRÜCKE.svg *Source*: http://de.wikipedia.org/w/index.php?title=Datei:BSicon_SBRÜCKE.svg *License*: unknown *Contributors*: Bernina

Datei:BSicon BST.svg *Source*: http://de.wikipedia.org/w/index.php?title=Datei:BSicon_BST.svg *License*: unknown *Contributors*: AndreyA, Axpde

Datei:BSicon ABZrg.svg *Source*: http://de.wikipedia.org/w/index.php?title=Datei:BSicon_ABZrg.svg *License*: unknown *Contributors*: User:Lantus

Datei:BSicon ABZdf.svg *Source*: http://de.wikipedia.org/w/index.php?title=Datei:BSicon_ABZdf.svg *License*: unknown *Contributors*: User:Lantus

Datei:BSicon KRZo.svg *Source*: http://de.wikipedia.org/w/index.php?title=Datei:BSicon_KRZo.svg *License*: unknown *Contributors*: user:axpde

Datei:BSicon TUNNEL1.svg *Source*: http://de.wikipedia.org/w/index.php?title=Datei:BSicon_TUNNEL1.svg *License*: unknown *Contributors*: Bernina

Datei:BSicon HST.svg *Source*: http://de.wikipedia.org/w/index.php?title=Datei:BSicon_HST.svg *License*: unknown *Contributors*: $traight-$hoota, AndreyA, Axpde, Bernina

Datei:BSicon WBRÜCKE1.svg *Source*: http://de.wikipedia.org/w/index.php?title=Datei:BSicon_WBRÜCKE1.svg *License*: unknown *Contributors*: user:axpde

Datei:BSicon ÜST.svg *Source*: http://de.wikipedia.org/w/index.php?title=Datei:BSicon_ÜST.svg *License*: unknown *Contributors*: user:axpde

Datei:BSicon xTUNNEL1.svg *Source*: http://de.wikipedia.org/w/index.php?title=Datei:BSicon_xTUNNEL1.svg *License*: unknown *Contributors*: User:AndreyA

Datei:BSicon ABZrf.svg *Source*: http://de.wikipedia.org/w/index.php?title=Datei:BSicon_ABZrf.svg *License*: unknown *Contributors*: User:Lantus

Datei:Friedland-Bahnhof+Cantus.jpg *Source*: http://de.wikipedia.org/w/index.php?title=Datei:Friedland-Bahnhof+Cantus.jpg *License*: unknown *Contributors*: User:Simon-Martin

Datei:Eschwege-West-Bahnhof-Juni07.jpg *Source*: http://de.wikipedia.org/w/index.php?title=Datei:Eschwege-West-Bahnhof-Juni07.jpg *License*: unknown *Contributors*: User:Simon-Martin

Datei:Eichenberg-Bahnhof.jpg *Source*: http://de.wikipedia.org/w/index.php?title=Datei:Eichenberg-Bahnhof.jpg *License*: unknown *Contributors*: Simon-Martin

Datei:Friedland-Gueterzug-n-Eichenberg.jpg *Source*: http://de.wikipedia.org/w/index.php?title=Datei:Friedland-Gueterzug-n-Eichenberg.jpg *License*: unknown *Contributors*: Simon-Martin

Datei:BAHNUEBERGANG-rosdorf 003.jpg *Source*: http://de.wikipedia.org/w/index.php?title=Datei:BAHNUEBERGANG-rosdorf_003.jpg *License*: unknown *Contributors*: Matthias Goerigk

Datei:Bahngoe2.jpg *Source*: http://de.wikipedia.org/w/index.php?title=Datei:Bahngoe2.jpg *License*: unknown *Contributors*: j o blech Original uploader was Joblech at de.wikipedia

Datei:Göttingen-Leinebruecke-Nordsued-Feb-08.jpg *Source*: http://de.wikipedia.org/w/index.php?title=Datei:Göttingen-Leinebruecke-Nordsued-Feb-08.jpg *License*: unknown *Contributors*: User:Simon-Martin

Datei:Kurhessen Kr Rotenburg.png *Source*: http://de.wikipedia.org/w/index.php?title=Datei:Kurhessen_Kr_Rotenburg.png *License*: unknown *Contributors*: Magadan

Datei:WappenBreitenbach.jpg *Source*: http://de.wikipedia.org/w/index.php?title=Datei:WappenBreitenbach.jpg *License*: unknown *Contributors*: Enricopedia, Hessenbub, Santosga

Datei:Baggersee Breitenbach Bebra.jpg *Source*: http://de.wikipedia.org/w/index.php?title=Datei:Baggersee_Breitenbach_Bebra.jpg *License*: unknown *Contributors*: Snipermatze

Bild:Kirche Bebra-Breitenbach.jpg *Source*: http://de.wikipedia.org/w/index.php?title=Datei:Kirche_Bebra-Breitenbach.jpg *License*: unknown *Contributors*: User:Klaus Jesper

Datei:Gilfershausen Panorama.jpg *Source*: http://de.wikipedia.org/w/index.php?title=Datei:Gilfershausen_Panorama.jpg *License*: unknown *Contributors*: User:Snipermatze

Bild:Kirche Gilfershausen.jpg *Source*: http://de.wikipedia.org/w/index.php?title=Datei:Kirche_Gilfershausen.jpg *License*: unknown *Contributors*: User:Snipermatze

Datei:Bauernhof Gilfershausen 1907.jpg *Source*: http://de.wikipedia.org/w/index.php?title=Datei:Bauernhof_Gilfershausen_1907.jpg *License*: unknown *Contributors*: Unknown

Bild:Dolles Dorf Gilfershausen Erinnerungstafel.jpg *Source*: http://de.wikipedia.org/w/index.php?title=Datei:Dolles_Dorf_Gilfershausen_Erinnerungstafel.jpg *License*: unknown *Contributors*: ++gardenfriend++, MB-one, OTFW, Snipermatze, TommyBee

Datei:HerrenhausTrott.JPG *Source*: http://de.wikipedia.org/w/index.php?title=Datei:HerrenhausTrott.JPG *License*: unknown *Contributors*: User:Alex1011

Datei:GedenkTrott.JPG *Source*: http://de.wikipedia.org/w/index.php?title=Datei:GedenkTrott.JPG *License*: unknown *Contributors*: User:Alex1011

Datei:Kirche Solz mit Burg.jpg *Source*: http://de.wikipedia.org/w/index.php?title=Datei:Kirche_Solz_mit_Burg.jpg *License*: unknown *Contributors*: Snipermatze

Datei:Herrenhaus in der Burg Solz.jpg *Source*: http://de.wikipedia.org/w/index.php?title=Datei:Herrenhaus_in_der_Burg_Solz.jpg *License*: unknown *Contributors*: Snipermatze
Datei:Herrenhaus Solz.jpg *Source*: http://de.wikipedia.org/w/index.php?title=Datei:Herrenhaus_Solz.jpg *License*: unknown *Contributors*: Snipermatze
Bild:Weiterode_from_pilz.jpg *Source*: http://de.wikipedia.org/w/index.php?title=Datei:Weiterode_from_pilz.jpg *License*: unknown *Contributors*: Martin Schade (Mschade)
Datei:Orgel Kirche Bebra Weiterode.jpg *Source*: http://de.wikipedia.org/w/index.php?title=Datei:Orgel_Kirche_Bebra_Weiterode.jpg *License*: unknown *Contributors*: User:Neddy90

Printed by Books on Demand GmbH, Norderstedt / Germany